*Listen to Nature*

*Wisdom and Humor in the Plant World*

# 倾听大自然

## 植物世界的智慧与幽默

刘 勇◎著

科学出版社

北京

# 内 容 简 介

　　植物是陆地生态系统的主体，是国土绿化的主要材料，也是城市中有生命的基础设施，对改善我们的居住环境发挥着重要作用。因此，了解植物、爱护树木是我们每个人的责任。本书以幽默对话并配漫画的方式，讲述了植物生长发育和栽培的知识，介绍了林业特点，宣传了环保理念。

　　本书内容丰富，语言风趣幽默，适合大众读者阅读，也是大自然爱好者了解植物知识的珍贵读本。

**图书在版编目（CIP）数据**

倾听大自然：植物世界的智慧与幽默 / 刘勇著 . —北京：科学出版社，2021.4
ISBN 978-7-03-068132-4

I.①倾… Ⅱ.①刘… Ⅲ.①树木-普及读物 Ⅳ.①S718.4-49

中国版本图书馆 CIP 数据核字（2021）第 032223 号

责任编辑：侯俊琳　朱萍萍　刘巧巧 / 责任校对：杨　赛
责任印制：李　彤 / 整体设计：有道文化
插画绘制：纪　文

**科 学 出 版 社** 出版
北京东黄城根北街 16 号
邮政编码：100717
http://www.sciencep.com

**北京虎彩文化传播有限公司** 印刷
科学出版社发行　各地新华书店经销
*
2021 年 4 月第　一　版　开本：720×1000　1/16
2023 年 6 月第三次印刷　印张：14
字数：200 000
定价：58.00元
（如有印装质量问题，我社负责调换）

# 前 言

　　和植物打了几十年交道，发现它们风趣幽默，富有智慧，和它们聊天成为我人生快乐的重要源泉，有时竟忍俊不禁，甚至开怀大笑。我坚信，快乐越分越多，忧愁越分越少。于是，结合承担的项目，就有了这本书，其中包含关于树木的 100 个幽默科普对话。

　　本书不仅包含植物、林业、环保等知识，也包含我对中华传统文化的一些思考，以及对创造力规律的探索成果。这一切均以幽默对话的图文形式呈现。幽默有很多种，如冷幽默、黑色幽默等，但植物的幽默与之完全不同，我将其归纳为"绿色幽默"。当然，由于水平有限，我无法把植物的智慧和幽默全部呈现出来，也难以达到"寓教于乐"的境界，只是想，如果读者在读这本书的时候被逗笑了，而且笑过之后还能琢磨出点儿对自己有益的东西，那就传递了植物的智慧与幽默。

　　本书的创作初衷是将科学知识与人文精神结合，希望每个对话既有科学知识，又风趣幽默。这就难免产生矛盾。科学知识要求严谨，风趣幽默则比较随意。于是，我选择了对话的展现形式，对话可以突然转变话题，形式活泼，从而产生笑点。书中借鉴相声、小品等艺术形式中幽默产生的方式进行创作，不知道是否可以作为科普著作中的一个创新？

人的一生中有很多压力、烦恼和不如意。我们不妨走进森林，亲近植物。它们会带给我们无尽的遐想和欢乐。俗话说"笑一笑，十年少"，植物的智慧和幽默能让我们智慧地笑、干净地乐、生态文明地活百年。不过，万一活不到百年，就数一数笑了几次吧，一笑顶十年啊！

2020 年 9 月 25 日

# 人物介绍

## ☀ 教 授

　　石铭伟，45岁，是石兰兰的父亲。夫人是某三甲医院运动医学科主任医师。某林业大学森林培育学科教授，荷兰著名大学博士毕业，经常参加国际会议。体形匀称、偏瘦，治学严谨，智慧，幽默，喜欢博览群书、散步、游泳、林区考察，对科研工作充满无限热情，致力于中国生态环境建设事业。

## ☀ 阿 乔

　　乔海波，22岁，来自内蒙古。父亲是武警警官，在一次森林救火任务中牺牲。母亲是中学语文老师。石教授的学生，某林业大学森林培育学科一年级研究生，联合国森林论坛志愿者。体形匀称，性格阳光，是运动型男，聪明，幽默。爱好踢足球、打篮球和羽毛球，在大家面前要宝只是为了活跃气氛。喜欢观察生活中见到的事物，对很多事情抱有好奇心。立志培育和保护森林。

## ☀ 兰 兰

石兰兰，19岁，是石铭伟教授的女儿。母亲是某三甲医院运动医学科主任医师。现为大学英语系二年级学生。体形匀称。是一个机智美女，伶俐，幽默，优雅。喜欢娱乐八卦，也喜欢文学艺术，吃火锅不放菜，有收藏爱好，经常喜欢收集一些奇怪的东西。逻辑思维能力强，善于分析和推理。善良，经常参加公益活动。

## ☀ 凯 叔

常凯，35岁。夫人是某林业局的食堂管理员，有一个10岁的儿子龙龙。是长白山林区管理员。体形匀称、健壮。性格爽朗，豪放，雷厉风行。热爱植物和大自然，聊到林木的时候总能提起他的兴趣。经常带儿子在林区巡视，观察树木和动物。

# 目 录

## 中篇　学习与树木对话

## 下篇　发现植物也幽默

# 上篇　照片引发的遐想

　　石铭伟教授在工作中拍摄了大量树木、林业、生态、环保等方面的照片。很多照片显露出植物的幽默和智慧。这些风趣的照片成为石铭伟教授一家的重要谈资与乐趣。他的女儿石兰兰虽然学的是英语专业，但也酷爱自然，喜欢树木，对这些照片十分着迷，经常翻看。石铭伟教授的学生也喜欢看，一年级研究生乔海波就是其中之一。受父母的影响，他立志培育和保护我国的森林，因此报考了林业大学森林培育学科的研究生。他经常到老师家研究和欣赏这些照片。

## 1. 为什么说"绿水青山就是金山银山"

阿乔：老师，为什么习近平总书记会说"绿水青山就是金山银山"呢？

教授：因为绿色有强大的创造力。

兰兰：就是，绿色代表生命，生命是有创造力的。阿乔，为了不辜负生命赋予你的创造潜力，你将来打算做什么？

阿乔：植树啊！我种了树，树就会去创造绿水青山、金山银山了。

兰兰：你不能等着树去创造，我是说你得提高自己的创造力。

阿乔：怎么提高？

兰兰：你没发现我最近创造力开始爆发了吗？

阿乔：是有点儿不一样，不过你别爆着我就行。

兰兰：没事儿，你戴顶头盔不就好了。

阿乔：头盔哪儿够啊，赶明儿我开辆装甲车来。

教授：哈哈哈！要打仗了？

阿乔：兰兰，为什么你的创造力会突然爆发？

兰兰：是这么一回事儿，我最近读了一本书，叫"感悟创造：复杂系统创造论"。书中关于创造力规律的论述特别好。作者把人、树木、生态系统等都当成复杂系统来研究，发现复杂系统创造力与它的能量和多样性呈正比，与其适应性呈反比。

阿乔：能量和多样性好理解，可创造力为什么和适应性呈反比呢？

教授：是因为适应性和想象力、审美感有关，你的想象力越丰富、审美感越高，你对社会的平均水平就越不适应，就促使你进行创造，以求得自我实现。这样一来，创造力就更强了。

阿乔：有道理！兰兰，把这本书借我看看，我也要提高我的创造力。

兰兰：好啊，你的创造力要爆发时一定要告诉我，我准备好坦克，你一来我就躲进去。

教授：哈哈哈！

小贴士

植物与人一样，都是复杂系统。复杂系统的创造力与其能量和多样性呈正比，与其适应性呈反比。

绿色有创造力

## 2. 绿色满园锁不住，爬山虎已出门来

阿乔：你知道"春色满园关不住，一枝红杏出墙来"这两句诗吗？

兰兰：当然知道，这可是宋代诗人叶绍翁的名句，前两句应该是"应怜屐齿印苍苔，小扣柴扉久不开"。

阿乔：谁问你前两句了，你可够有学问的，逮个机会就显摆！

兰兰：我可没想显摆，只是水平到那儿啦，自然流露呀！

阿乔：好吧，水平高得都溢出来了，没湿着我的脚吧。

兰兰：不敢，不敢！

阿乔：那好，我问你，如果诗人见到这张照片上的景象，他的诗会是怎样的？

兰兰：我想会是"绿色满园锁不住，爬山虎已出门来"。

阿乔：可以啊，你要"千古"了！

兰兰：你才要"千古"了呢！

阿乔：不是，不是，我是说你的诗要成"千古名句"了！

兰兰：哼，这还差不多。

阿乔：你先别得意，我问你一个问题，你要是答得上来，这两句诗的逻辑关系才算成立。否则，别说成千古名句，现在都过不了我这关！

兰兰：好呀，随便问。

阿乔：为什么"绿色满园锁不住"？

兰兰：因为绿色是生命，而生命是复杂系统。复杂系统的一个根本特征是涌现性，它会冒出很多新的东西，具有强大的创造力，会冲破一切阻拦。

阿乔：不错，回答得好，我很满意！我同意你"千古"了。不对，我同意你的诗是"千古名句"了。

兰兰：你同不同意有什么关系，你以为你是谁啊！

阿乔：我也是一个复杂系统，也是有创造力的。

兰兰：是吗，真没看出来，你都创造什么了？

阿乔：嗯，这个嘛……目前还没有。

兰兰：等你有了创造，再说自己是复杂系统吧，你现在还只是简单系统。

阿乔：啊！我成非生命体了！

兰兰：嘻嘻嘻！

小贴士

植物的组成部分包括根、茎、叶、花、果和种子。

植物是复杂系统

### 3. 挖坑栽树也可培养良知

阿乔：老师，俗话说善恶有报，可善恶怎么评判呢？谁来评判呢？

教授：用你自己的良知来评判。

阿乔：良知，我有良知吗？

兰兰：问得好啊！嘻嘻嘻！

教授：其实，每个人天生都有良知。孟子就举过一个例子，说一般人如果看到一个孩子马上要掉到井里了，都会不自觉地伸出手去抓他。这就是"恻隐之心，人皆有之"，是良知的体现。但这个天生的良知很微弱，如果后天不去刻意培养、壮大，就可能会在社会这个大染缸中消失殆尽。

阿乔：老师，我们应该如何培养和壮大良知呢？

教授：方法有很多，但最有特点的是明代思想家王阳明的"心学"。第一步是"致良知"，就是通过慎独、反思等向内发现良知。第二步是向外扩大良知，将良知付诸行动。第三步就是"知行合一"，向内的"知"与向外的"行"是一致的，善念一起，良知显现，善行也就开始了。当良知壮大，你就有了是非善恶的标准，就可以评判自己是善还是恶了。

阿乔：太好了，我回去就按"心学"的方法做，用自己的良知评判，然后我就可以给自己打满分了。

兰兰：你可真逗，要是良知壮大，知行合一，你还会给自己打满分吗？

阿乔：还真是！不到那个境界，一张嘴就会出错。

兰兰：那当然，良知发自内心，是装不出来的。

阿乔：我没想装啊。

兰兰：我没说你装，你偏要自己挖坑往里跳，这么一会儿你就挖了两个坑，你说你还有救吗？

阿乔：挖坑可是我们林业人的强项呢！

兰兰：那是"挖坑栽树"，没让你把自个儿栽里面。

教授、阿乔：哈哈哈！

小贴士

　　栽树的口诀是"三埋两踩一提苗"。

植树造林就得知行合一

## 4. 大树的设计师是谁

兰兰：阿乔，看！这是我爸在美国西海岸拍摄的红杉树照片。

阿乔：我的天，100多米高啊！

兰兰：爸，我不明白，这么点儿的红杉树小苗，为什么会长成100多米高的参天大树呢？

教授：你们见过盖高楼吗？

兰兰：这跟树木生长有什么关系？

教授：平地起高楼，是因为有设计师绘制了图纸，工程师和建筑工人根据图纸浇筑建筑材料，高楼也就建起来了。

兰兰：可树的设计师是谁？图纸在哪里？建筑工人在哪里呢？

教授：树的图纸在基因里，根据基因蓝图，叶子中的叶绿体在光照条件下，将二氧化碳和水转化成碳水化合物。碳水化合物、水和各种矿质营养就是建筑材料，树的筛管和导管将这些材料输送到各个部位，大树就不断生长，就如同高楼平地而起。

阿乔：那设计师是谁？

教授：这个问题有点儿麻烦。科学说是进化，神学则另有说法。

兰兰：您信谁的？

教授：我当然相信科学，可是神学说的虽然科学无法证明，但它是对人性的关怀。

兰兰：为什么？

教授：我们都明白，每个人只能活一次，面对死亡，恐惧是自然的，这时我们需要的是安慰。但科学不会安慰人，因为科学不能说假话。

兰兰：安慰人的目的就是让人感到好受点啊，至于说什么都无关紧要。阿乔，要是我来安慰你，你想听什么话呢？

阿乔：兰兰，我还不想被安慰，让我多活几年吧！

教授、兰兰：哈哈哈！

小贴士

基因是植物的设计图纸，碳水化合物、水和矿质营养是植物的建筑材料。

植物的设计师是进化

## 5. 本是一个景，有绿大不同

教授：你们知道一个地方有绿叶和没有绿叶的差别吗？

阿乔：我知道，一绿遮百丑，无绿丑百出，所以大家都想要绿化。

兰兰：你是说大家都有丑需要遮吗？

阿乔：我没这意思啊！

兰兰：那你是什么意思呢？

阿乔：我的意思是，植物的绿色很神奇，有丑遮丑，无丑增美！

教授：绿色的确很神奇。绿色是一种蓝色和黄色的调和色，蓝色、黄色的比例不同，以及加入不同量的其他颜色，会呈现不同的绿色。因此，绿色有很多种，比如豆绿、森林绿、墨绿、深绿、嫩绿等几十种。

阿乔：好家伙，这么多种绿色呀！

教授：绿色属于电磁波可见光部分中的中波。而红色是可见光谱中长波末端的颜色。色彩心理学指出，人们在短波长颜色的环境下会产生平静的感觉，而在长波长颜色的环境下更容易兴奋和激动。

阿乔：有意思，这是怎么形成的呢？

教授：这可能是人类在进化过程中形成的。对于原始人类来说，红色的环境，如大火，令人恐惧；黄色的环境，如沙漠，令人生畏；绿色的环境则意味着充足的食物和水源。这种积极的感觉在进化过程中逐渐融入大脑，保存至今。所以，绿色代表的文化意义是比较舒适、安详，而红色代表热烈、激情、斗志等。

兰兰：没错，我就喜欢一路绿灯，安全，快速，舒服。

阿乔：噢，我算明白了，为什么闹革命的时候一定要举红旗，因为革命需要激情、斗志。

教授：那当然，闹革命就得举红旗，才能让人激情燃烧，斗志昂扬。否则，举着个绿旗，安安静静，没打两仗，改白旗了。

兰兰：哈哈哈，本是一个景，有绿大不同哟！

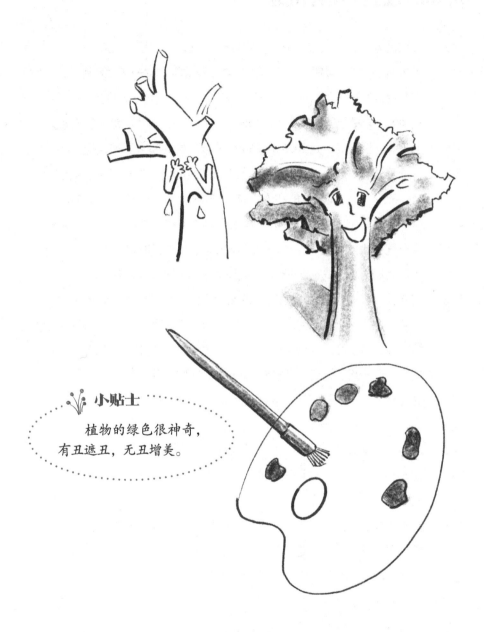

小贴士

植物的绿色很神奇，
有丑遮丑，无丑增美。

绿色代表舒适安详

## 6. 树往高处走，水往低处流

兰兰：树往高处走，形成葱葱森林。水往低处流，成就浩瀚大海。

教授：不见得，太高了树也"上不去"。自然界就存在着一条树木线，这条线在高海拔的地方相当明显，下面是森林，往上就剩下零星分布的一些低矮树木，再往上就没有树了，变成了高山草甸，再往上就寸草不生了。

阿乔：这条线到底多高，是 2000 米、3000 米，还是 4000 米，抑或是 5000 米？

教授：各地不一样，基本规律是随着纬度升高而降低，如在云南、藏东南大概是 4300 米，而北方的祁连山是 3500 米，东北的长白山仅 2100 米。

阿乔：看来，树还是没有水厉害，水连太平洋 1 万多米的深海也能到达。

教授：没有这样比的，树是生命，水是非生命，两者没有可比性。

兰兰：但是我们的祖先有时会把人和水相提并论，比如"上善若水"。

教授：这是我们祖先的智慧。他们把自然界中的一些特性拟人化地类比人的品格，以完善人的道德，从而使中华民族在道德修养方面远远高于世界其他民族。以"上善若水"为例，先人们就把水当成最善良、最有道德、最谦虚、永远心甘情愿地处于最低位置的人。

阿乔：这的确是上善，只有圣人才能达到这个境界，但我不想学。

教授：为什么？

阿乔：因为，俗话说"人善被人欺，马善被人骑"。

教授：你没有完全理解，这只是水的一个方面，它还有汹涌的另一面呢？

阿乔：是吗？

教授：对于坏人、敌人、恶人，你像巨浪一样，冲垮他们不就行了。

阿乔：好，我就学水了，可是水的形象那么高大上，我学得了吗？

教授：当然可以，你身体中有 70% 的物质都是水。

兰兰：啊，阿乔，原来你也很水啊！

教授：哈哈哈！

小贴士

　　树木线随纬度升高而降低。

是树厉害，还是水厉害

## 7. 雁过留声提醒你森林的作用

教授：兰兰、阿乔，我上次说的森林的作用，你们还记得几个？

阿乔：记得有涵养水源、保持水土、防风固沙、调节小气候、通过固定大气中的二氧化碳减缓全球气候变暖、释放氧气、改善居住环境，还有吗？

兰兰：还有提供木材、药材、食材等资源，这张书桌就是实木制成的。

教授：正确。

阿乔：老师，这张书桌上为什么刻了这么多人的名字？还全都是英文名。

教授：留骂名、找挨骂的人哪儿都有。俗话说"人过留名，雁过留声"，但干出惊天动地的伟业、青史留名的人少之又少。怎么办呢，有的人就动了歪脑筋，到处刻自己的名字，让别人记住他来过这个世上。你想想，把书桌刻成这样，不是找挨骂是什么？正好留下名字让后人臭骂。他们倒是应该学学大雁，飞过天空，不留下任何痕迹，想让别的生物知道它来过了，叫几声也就行了。

阿乔：老师肯定是会青史留名的。

教授：不会的，老师就学大雁叫几声就行了。

兰兰：哇！爸爸跨界成功，"雁过留声"了耶！

教授、阿乔：哈哈哈！

阿乔：对了，森林的作用还有为野生动物提供栖息地，保护生物多样性资源，是天然的物种库和基因库。

教授：幸亏我学大雁叫了两声，不然你们连这条重要的作用都忘了。

森林还有保护生物多样性的作用

## 8. 不关心森林防火，你要被顶级警告

教授：你看，多美的白玉兰啊，为什么没人唱"花儿为什么这样白"？

兰兰：因为大家都想红啊！

教授：恐怕没那么简单。在中国传统文化中，白色是悼念亲人去世时用的颜色，一般负面的含义多一些。所以白花就只好"白美丽"了。

阿乔：可是，西方文化好像不这样。

教授：是的，在西方文化中，白色是婚礼上新娘婚纱的颜色，有不少正面的含义。

阿乔：这两种文化差别真大呀！那中西方文化在白颜色上就没有共同点吗？

教授：当然有啊！在两种文化中，白色都象征懦弱、无用。比如，打了败仗，投降时都举白旗。

兰兰：哈哈哈，毕竟都是人啊，投降的感觉都一样！

阿乔：不过对于红色，好像东西方的差异不像白色那么大。

教授：是的，红色象征喜庆。中国的春节要挂红灯笼、穿红衣服；西方的重大节日要铺红地毯、喝红酒。

兰兰：过节也别热闹过头哈，红色还代表危险和警示。

阿乔：就是，红灯代表禁行，火警的标志是红底白字的 119 和一个电话。

教授：火可是森林的大敌，森林火灾不仅烧毁林木、直接减少森林面积，而且严重破坏森林结构和森林环境，导致森林生态系统失衡，森林生物量下降，生产力减弱，益兽益鸟减少，甚至造成人畜伤亡。

阿乔：所以我们每次去森林搞调查时，老师都提醒每个人不许带引火器具。

兰兰：要是有人不听，偷偷带了呢？是不是会受到顶级警告？

阿乔：什么是顶级警告？

兰兰：比如说，在你的名字上"打上醒目的红叉叉"。

阿乔：啊，我被判没了！

教授、兰兰：哈哈哈！

白花与红色火警

## 9. 牡丹如碗大，也学苔花开

阿乔：我喜欢清代诗人袁枚的诗"苔花如米小，也学牡丹开"，不仅激励了小花们，也激励了生活在底层的人们。

教授：不过从生物学的角度看，这句诗是有问题的。本来应该是牡丹学苔花，可苔花不如牡丹出名，在世人心中就变成了苔花学牡丹开了。

阿乔：是吗？

教授：那当然，苔花是指苔藓的花，可是苔藓并没有花，它是靠孢子来繁殖的，袁枚看到的也许是苔藓的孢蒴（或称孢子囊），它的大小、形状和米粒儿差不多。等到成熟，就会散播很多孢子，繁殖后代。但从进化角度看，苔藓比牡丹早很多，你们还记得我讲过的植物进化历程吗？

兰兰：我知道！依次为藻类植物时代、苔藓植物时代、蕨类植物时代、裸子植物时代和被子植物时代。

阿乔：苔花属于苔藓植物，牡丹属于被子植物，哇，苔花比牡丹整整早了三个植物时代呢！

教授：是啊！按照目前的认知，苔花的"祖先"早牡丹的"祖先"好几亿年呢，但是却不出名。牡丹的名气多大，这开花的"发明权"就成了牡丹的了。

阿乔：难怪知识产权保护那么重要呢！可苔花的委屈如何解决？

教授：咱把诗改了不就行了。

阿乔：怎么改？

教授：改成"牡丹如碗大，也学苔花开"，如何？

兰兰：好是好，可是这样一改，就不激励人了。

教授：但可以警醒人啊！让那些有一点成绩就沾沾自喜的人知道，连国色天香的牡丹，都还认认真真地"拜不起眼的苔花为师"。这个世界上，一花一草、一虫一鸟，都有自己的独特之处。

阿乔：好啊，对于看不起自己的人，用"苔花如米小，也学牡丹开"激励；

对于看不起别人的人，用"牡丹如碗大，也学苔花开"警醒。完美！

兰兰：可要是有人既看不起自己，也看不起别人，该怎么办呢？

阿乔：投错胎了，随他去吧！

教授、兰兰：哈哈哈！

🌱 **小贴士**

苔藓并没有花，它是靠孢子来繁殖的。

**苔花与牡丹，是谁学谁呢**

## 10. 养育荷花的淤泥比窦娥冤

兰兰：你要是看到荷花，会如何夸它？

阿乔：这还用说吗，"出淤泥而不染"啊，地球人都知道的。这句话还可以比喻人从污浊的环境中走出来，却能保持纯真的品质而不沾染坏习气。

教授：这个说法问题很大，你知道吗？

阿乔：是吗？

教授：你想想，没有淤泥滋养，哪来的美丽荷花？植物生长需要的营养元素中，最主要的是碳、氢、氧、氮、磷、钾、钙、镁、硫、铁、锰、锌、铜、硼、氯和钼等 16 种，除碳、氢、氧 3 种元素植物可以从空气和水分中获得外，其他 13 种元素需要从土壤中获取。清水里这些元素的含量非常少，根本满足不了荷花的生长需要。因此，淤泥营养越丰富，荷花开得越美丽。

阿乔：是，应该是淤泥养育了荷花，现在倒好，淤泥成了反派，有点儿冤。

教授：不是有点儿冤，是比窦娥还冤！真正伟大的是淤泥，出彩的却是荷花！历代赞美荷花的诗无数，宋代杨万里的诗最有代表性，"接天莲叶无穷碧，映日荷花别样红"。但是，有赞美淤泥的诗吗？

阿乔：好像一首也没有！

教授：本想替淤泥鸣不平，现在想想，没必要，因为世间真正伟大的东西，我们通常感觉不到它的存在。

兰兰：这大概就是老子"无为"的思想吧。

教授：是的，不懂这个，硬要去为淤泥写一首赞美诗，不仅有辱淤泥，还会显出自己的渺小。不信你试试！

兰兰：看我的，啊，淤泥！养育荷花你不言，被冤千年你不说。现在是法治社会，有气可以撒，有冤可以伸。

教授：你这是赞美诗？

兰兰：不，我要替淤泥"打官司"！

教授、阿乔：哈哈哈！

小贴士

植物生长所需要的营养元素中，碳、氢、氧3种元素所占的比例高达96%。但我们不用管它，植物从空气和水中就可以获得。

"出淤泥而不染"这个说法有问题

## 11. 挖坑栽树，就是把复杂化为了简单

兰兰：阿乔，看看这个景，草丛中一个亭子。亭子是中华文化的特色，可是这么尖的顶，又属于西方文化，这是巧妙的中西方文化融合。树种多样是天然林的特色，而规整的草坪则是人工杰作，这应该算是人与自然的和谐。一个小景竟然体现了中西文化的交融和人与自然的和谐，不简单啊！

阿乔：我看是你思维复杂，想多了。

兰兰：好吧，我承认我思维复杂，还是你好。

阿乔：我怎么好呢？

兰兰：头脑简单啊！吃嘛嘛香，干嘛嘛不成。

阿乔：哈哈哈！幽默！不过，我这个简单可不是一般的简单嘞！

兰兰：怎么讲？

阿乔：比如种树，一般人觉得就是挖坑栽树的事儿，其实并不容易。首先，要弄明白种植地有什么特点，我国地域辽阔，有沙漠、戈壁、草原、湿地、平原、山地、丘陵等各种类型的立地，再与从北到南的不同气候条件相交叉，说立地条件千变万化一点也不为过。

兰兰：其次呢？

阿乔：要弄清楚树的特点。我国有 8000 多种木本植物，每个树种的形态特征、生长特点、抗性、功能、作用如何，哪些植物适合在哪些特定的立地上生长，从种子、苗木、整地、栽植、密度、配置到管护技术，等等，够复杂吧。

兰兰：复杂，你是想说，你这个专门研究种树的研究生也不简单呗！

阿乔：善解人意啊！

兰兰：别得意，什么时候你能把复杂的问题简单化，那才是高人！

阿乔：好吧，我努力做一个高人，不然……

兰兰：不然怎么着？

阿乔：还能怎么着，只能是小矮人呗！

兰兰：哈哈哈！恭喜你！有机会见白雪公主了！

阿乔：哈哈哈！

小贴士

我国有8000多种木本植物，各地的立地条件千差万别，要把树种好不简单。

努力把树种好

## 12. 金镶玉竹，你也是"北漂"一族啊

教授：你们看，金镶玉竹有两个鲜明特征。一是每个竹节上有一条翠绿的竖带被黄色夹住，二是竹竿底部的几节有明显的弯曲。

阿乔：好奇特啊，在哪里才能见到它呢?

兰兰：北京紫竹院公园就有。

阿乔：哎，不是说"竹生南国"吗，怎么北京也有竹子?

教授：没错，竹子的自然分布区的确是在南方，它需要比较高的温度和湿度。但北京也有栽培，是解决了关键的过冬问题。人们一般是利用微地形，营造相对较高温度和湿度的环境，竹子才能安全越冬。例如，将竹子种植在背风向阳的地方，入冬前，用苫布等挡风保暖的材料包裹。

阿乔：跟人一样，南方人到北方生活也没问题，只要冬天多穿衣服就行了。

教授：不对，南方人可比北方人抗冻，他们穿的衣服就比北方人薄。

兰兰：是的，上次一个南方来的老师找我爸，快到冬天了还没穿秋裤。

教授：南方整体温度比北方的高，冬天很多地方也不太冷，因此房屋建筑中没有暖气设施。可是，南方冬季有一两个月也不暖和，最低温度有时也会到 0 摄氏度以下，时不时还下大雪，这时屋里屋外一样冷，也就锻炼了南方人抗冻的能力。而在北方，因为屋里有暖气，即使室外温度再低，室内也很暖和。

阿乔：还真是。

教授：而且，相同的低温，由于湿度不同，南北方的寒冷程度还不一样。北方湿度小，是干冷，冷的程度并不太难受。而南方湿度大，是阴湿的冷，是那种深入骨髓的冷，哪怕你前胸烤着火，后背也是凉的。

兰兰：爸爸之前给我形象地比喻过：南方的冷是魔法攻击，北方的冷是物理攻击。这么一来，人们在北方多穿点就好了，南方应该是要大练"内功"吧!

阿乔：哇，好有趣啊！这么说，冬天北方比南方好过喽。

兰兰：那当然，要不然为什么竹子到北京后就不回去了呢！

阿乔：哈哈哈，竹子也"北漂"啊！

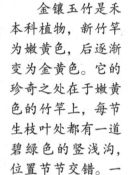

**小贴士**

金镶玉竹是禾本科植物，新竹竿为嫩黄色，后逐渐变为金黄色。它的珍奇之处在于嫩黄色的竹竿上，每节生枝叶处都有一道碧绿色的竖浅沟，位置节节交错。一眼望去，像根根金条上镶嵌着块块碧玉，故称为金镶玉竹。

竹子也"北漂"啊

## 13. 树木的冬态美，美翻了天

教授：一般认为，树木的美，美在绿叶、花朵。其实冬天落叶以后的树也很美，这叫冬态美！你们来看这几张照片，能看出美了吗？

阿乔：没看出来。

教授：想想人体模特儿的身体曲线，再看树，美了吧？

阿乔：还是没看出来。

教授：好吧，我先给你们讲讲如何识别树木的冬态。树木的冬态是指落叶树种进入休眠时树叶脱落，露出树干、枝条和芽苞等外观上呈现的形态，和夏季的绿叶满树完全不同。

兰兰：冬天的树光秃秃的。

教授：主要根据树形、树皮、枝条、皮孔、髓心、叶痕、叶迹、冬芽、残存器官及附属物等来识别。以树形为例，你一眼就能分出是乔木、灌木或藤本。乔木通常树体高大，有明显的主干，高度至少为 5 米。灌木通常树体矮小，为多干丛生或主干低矮者，高度多在 5 米以下。藤本的茎干不能直立分枝，只能靠缠绕或攀附才能向上生长。

阿乔：老师，我看出美来了，高高的呈圆柱形的钻天杨的旁边是伞形的龙爪槐，下面有多干直立分枝的丁香和黄刺玫，旁边的墙上是吸附类的爬山虎。好美呀！

教授：你说的是哪儿？

阿乔：是我们家门口的一个小景，以前还没太注意，您刚才这么一讲，我一想还真挺美的。

教授：这就对啦，要看出冬态美，首先得了解树木，越熟悉，越了解，才能更好地体会树木的冬态美。我这才刚讲了个开头，你就看出那么多美来，我要讲完了，这树木的冬态还不得美翻天。

兰兰：就是，就凭阿乔的聪明劲儿，很快就能看出美女的模样！连美人痣都能看出来。

阿乔：拜托，那可是鸟窝。

教授：哈哈哈！

小贴士

只有对树木越熟悉、越了解，才能更好地体会它的冬态美。

连树的"美人痣"都能看出来了

## 14. 桉树只是"背锅侠"

兰兰：哇，好漂亮的树啊！

教授：这是桉树，这张照片是我在澳大利亚拍摄的，桉树共有六七百种，是桃金娘科、桉属植物的统称。它的原产地在澳大利亚，19世纪引种至世界各地。你们知道为什么它被人种到世界各地吗？

兰兰："颜值"太高呗！

教授：那只是一方面，主要是因为它长得快，木材质量也不错，还有好多方面的价值。

兰兰：那桉树就是属于"颜值"高还在努力的那种喽！

阿乔：不过桉树在中国好像属于有争议的树种，我看网上说它是"抽水机""吸肥器""霸王树"，那它到底是好是坏呢，我有点儿糊涂了。

教授：没错。说它是"抽水机"，一点儿都没冤枉它。所有的树都需要水，长得越快，耗水就越多。因此应该在降水多的地方栽桉树。

阿乔：噢，原来如此，这就用到了我们学过的"适地适树"的原则啊。

教授：说它是"吸肥器"，也没有冤枉它，所有树都需要肥，它长得快，当然就需要更多的肥。

阿乔：就是！

教授：还有，这"霸王树"的帽子它也是推不掉的。它自身分泌的次生物质可能会对其他植物产生不利影响，这在植物生态学中称为"化感作用"，是植物界的普遍现象，不是只有桉树独有。但是，桉树是国外来的，这种作用可能会对当地的植物和生态系统产生不利影响，因此，对桉树的种植规模和种植地区采取适当限制也是没错的。

兰兰：其实并不是桉树哪儿都想去，很多时候桉树也是被逼无奈的。

教授：没错，这是人的问题，不是树的问题，桉树只是"背锅侠"。

阿乔：好大一口黑锅，有点儿冤啊！

兰兰：不是有点儿冤，是比窦娥还冤！

教授：没那么严重，只是受点气而已。

兰兰：那好吧，还是窦娥冤。

教授：哈哈哈！

桉树比窦娥冤

## 15. 油棕：漂亮不能当饭吃

兰兰：爸，这是什么树？有点儿像棕榈。

教授：是油棕，这张照片是我在马来西亚拍摄的。油棕属于棕榈科的常绿直立乔木，是世界上产油率最高的一种木本油料植物，单位面积产油量远在花生、大豆、油菜籽、葵花籽之上，有"世界油王"的美誉。油棕也是优良的园林绿化树种，树形优美，富有热带气息。

兰兰：好美呀！

阿乔：完全可以"靠'颜值'吃饭"的，却又成为"世界油王"。油棕，你让别的树没办法活了哈！

兰兰（扮演油棕）：我真不是故意的，你又不是不知道，漂亮哪能当饭吃呢。这年头找工作，谁手里不得有好几个技能证书。你看人家高大帅气的桉树，"颜值"那么高还在努力，我还差得远呢。

阿乔：努力当然应该，可现在是工业化大生产时代，每个人的技能讲究的是专一，你学那么多技能干吗！

兰兰（扮演油棕）：那也得先找到工作再专一，不多储备点技能，找工作时就只能在"一棵树上吊死"，我才不做"吊死鬼儿"呢。

阿乔：你说的只是表面现象，实情是，如果什么都学，结果是什么都只学个皮毛，找工作的时候，大家都差不多，只能做"分母"去衬托别人。但如果专一，某一方面学得比别人多，学得扎实，学得精深，就会成为"分子"而胜出。

兰兰（扮演油棕）：也有道理。

阿乔：不是也有道理，而是非常有道理。你就专门负责榨油吧，腾出点儿空间，让灌木也搞点绿化。

兰兰（扮演油棕）：不是我抢了灌木的岗位，是它要个儿没个儿，要"颜值"没"颜值"，大概光长心眼儿吧！

教授：哈哈哈，你们两个可以演小品了。

"世界油王"还很漂亮

## 16. 是"柳长波澜阔"，还是"秋风起波澜"

教授：物候主要是指植物在一年的生长中，随着气候的季节性变化而发生萌芽、抽枝、展叶、开花、结果、落叶、休眠等规律性变化的现象。了解每种树种的物候，就可以科学地安排移栽的时间。

阿乔：我发现在北方，柳树是春天发叶最早、秋天落叶最晚的树。

教授：可以说，它见过春天的繁花、夏日的浓绿和秋色的斑斓，应该是阅历深厚，见怪不怪了。

兰兰：我觉着也是。

教授：可是，你看照片，面对银杏树一夜变金黄，柳树也不淡定了。

阿乔：还真是，这不是手舞足蹈吗？

教授：估计柳树这个样子从古时候就开始了，要不宋代诗人唐仲友为什么会有"柳长波澜阔"这句诗呢，他认为是柳枝太长引起的。

阿乔：可是，柳枝再长，没有风它怎么也"波澜"不起来啊。

教授：的确，还是明代薛瑄说得恰当，这叫"秋风起波澜"。

阿乔：不过，我看它是见金狂喜，应该叫"树也拜金"。

兰兰：打住，你眼神儿不好是不是，没见银杏树左边的树冠都被风压平了吗？

阿乔：还真是，看来还是古人观察仔细，这是柳枝细长加秋风才会出现的景象。我真的是眼神儿不好啊！

教授：不对，这跟眼神儿好不好没关系，是你心中先有了自己的结论，然后将其强行套在研究对象身上，才会出现"树也拜金"这种荒唐说法的。

兰兰：你给树道个歉吧！

阿乔：柳树，你不是"拜金"，你只是"跟风"。

兰兰：错，"跟风"是主动行为，柳树是被风刮的，是受害者。

阿乔：好吧。柳树，你不"拜金"、不"跟风"、坚如磐石！

兰兰：不对，你这是言过其实，溜须拍马。

阿乔：我的妈呀，还让不让人活了！

兰兰：叫啥？告诉你，家长来也没用。

教授：哈哈哈，这个小品演得不错。

兰兰：教授也要演小品喽！

小贴士

柳树是北方春天发芽最早、秋天落叶最晚的树。

树也"拜金"

## 17. 刺槐历经百年还没混成乡土树种，"移民"不容易啊

阿乔：老师，这是什么树？

教授：是刺槐，它是不远万里来到中国的外来种，是个标准的"金发碧眼"的"小帅哥"。

兰兰：对了，我记得它以前叫"洋槐"来着，我小时候还爬树摘过槐花呢，现在怎么改名了，该不会是想拿中国的"绿卡"吧。

教授：没有的事儿，人家早就是"中国籍"了。它原产于北美洲，17世纪传入欧洲及非洲，18世纪末又从欧洲传入中国，现在全国各地都有刺槐了。来中国已经200多年了，还稀罕什么"绿卡"。

阿乔：那它算是乡土树种吗？

教授：一般认为，乡土树种是指本地区天然分布树种，世世代代在本地生长的，未受人为影响的树种。从这个角度说，刺槐就不能算。

兰兰：是又怎样，不是又怎样？

教授：差别可大了。现在很多地方进行造林绿化，都强调要用乡土树种，因为乡土树种长期在一个地方生长，对当地的环境最适应、生长最好，产生的问题也会最少。

阿乔：200多年还混不到一个"乡土树种"的头衔，"移民"不好混啊！

教授：这跟人不一样，人可是"外来的和尚好念经"，你要不换几个单位，别人都不好说你是人才。

兰兰：看来，如今观念变了，树是乡土的好，人是外来的强。你要是树，就待着别动，时间越长越吃香；你要是人，就满世界转吧，哪儿出名就奔哪儿扎，再转回来，你就是人才。

阿乔：谁要是挺有本事的，一辈子待一个地儿，去世了也安葬在那里，算啥才？

教授：鬼才！

兰兰、阿乔：哈哈哈！

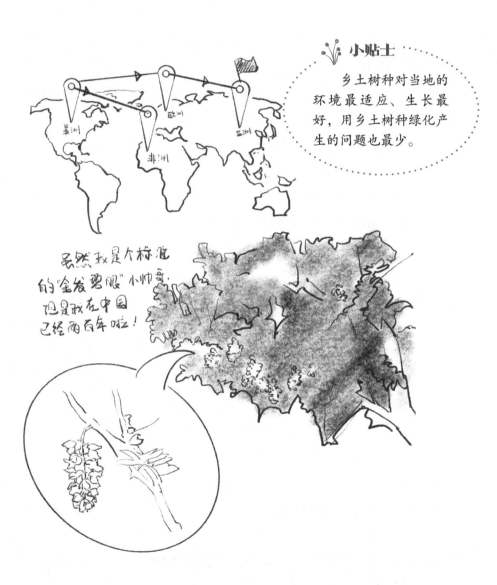

小贴士

乡土树种对当地的
环境最适应、生长最
好，用乡土树种绿化产
生的问题也最少。

虽然我是个标准
的"金发碧眼"小帅哥，
但是我在中国
已经两百年啦！

树是乡土的好

## 18. 栽楸种梓，想改善你家的环境吗

阿乔：老师，怎么楸树和梓树的果有的像挂面，有的又像筷子，到底怎么区分呢？

教授：楸树和梓树都是紫葳科梓属的落叶大乔木，两个树种在长相上很容易混淆。它们最主要的区别为：第一，梓树嫩枝、叶柄、花序轴、花梗有黏液，粘手；楸树这些部位无黏液，不粘手。第二，梓树花冠是白色或黄色，冠内无毛；楸树花冠是粉红色或略带白色，冠内有毛。第三，梓树蒴果似筷子，长20～30厘米；楸树蒴果似挂面，长30～55厘米。

兰兰：我在古书上经常看到"楸梓"一词，是说的楸树和梓树吧？

教授：没错，楸树自古以来就被广泛栽植于老百姓的房前屋后甚至胜景名园、皇宫庭院之中。北京的故宫、北海、颐和园、大觉寺等游览胜地和名寺古刹都可见百年以上的古楸树。

兰兰：梓树呢？

教授：梓树在中国古代更是大名鼎鼎，古文中经常可见"桑梓"一词，这是"故乡"的代称。因为在我国古代，桑、梓是与人们生活联系极为密切的两种树，桑树的叶可以用来养蚕，果可以食用和酿酒，树干及枝条可制造器具，叶、果、枝、根、皮皆可以入药。而梓树的嫩叶可食，皮可入药，叫梓白皮，木材轻软耐朽，能制作家具、乐器。正是因为桑树和梓树与人们衣、食、住、行、用等方面有如此密切的关系，所以古人常在自己的房前屋后栽桑种梓。

阿乔：太好了，回头我也在我家周围栽些楸树、梓树。

兰兰：想多了吧，你们家能种这两种树吗？

阿乔：有什么不能的？

教授：内蒙古的气候条件可能不适合这两个树种的生长，冬天会受冻害。

兰兰：阿乔，你这一知半解的就到处种树，会出问题的。

阿乔：我哪里是一知半解啊！

兰兰：那你是什么？

阿乔：无知无解！

兰兰：我的天，你都达到老子说的"无知""无为"境界啦！

教授：哈哈哈！

梓树果像筷子，
楸树果像面条

**小贴士**

古文中常见的"桑梓"一词，是"故乡"的代称。

一知半解别种树

## 19. 杂交马褂木，你是"超人"还是"超树"

教授：你们看照片上的这片叶子像什么？

兰兰：哈哈，太像 T 恤衫了。

教授：这是马褂木，又称鹅掌楸，落叶乔木，高达 40 米，胸径可达 1 米以上。它的叶形与众不同，既像马褂，又似鹅掌，因而得名。

阿乔：老师，马褂木是不是有好几种，我经常听到的是杂交马褂木。

教授：是的，有中国马褂木、北美鹅掌楸，你说的杂交马褂木是以中国马褂木为母本，以北美鹅掌楸为父本杂交的后代。

阿乔：如果要选用乡土马褂木树种去造林绿化，选哪个种好呢？

教授：符合条件的一是中国马褂木，这是土生土长的乡土树种，用它肯定没有问题；二就是刚才你提到的杂交马褂木。

阿乔：可杂交马褂木是"混血儿"，既不是中国的乡土树种，也不是北美洲的乡土树种，这该如何是好呢？

教授：可从另一个角度说，它是中国乡土树种的后代，而且杂交后代很多方面都比"父母"强，因为科学家在进行育种时，就是根据当地的气候和土壤条件，选择适应性最强的杂交后代。科学上把这叫"杂种优势"。

阿乔：既然是乡土树种的后代，那就应该是乡土树种！

兰兰：好呀，把它们"母子俩"都种上，希望能好好长。

教授：没问题，只要把它们种在气候温暖、湿润，土壤深厚、肥沃、呈酸性的环境中就可以了。

阿乔：北京能种吗？

教授：北京的平原地区还勉强可以，山区就太冷了，不行。

兰兰：那把中国马褂木种到平原，杂交马褂木种到山区，它不是有杂种优势吗？

教授：杂种优势只是相对于它"父母"的特性而言的，要是生长环境与适生条件差别太大也不行。

阿乔：兰兰把杂交马褂木当"超人"了吧?

兰兰：我倒是想把它当"超人"，不过它得先是"超树"啊。

阿乔：你这思路不对，"超人"不是一步一步发展来的，而是一步到位，别看它平时很普通，关键时候可以瞬间变成"超人"。

兰兰：是这样子啊，我看你就像"超人"哟！

教授：哈哈哈!

**小贴士**

马褂木的叶形与众不同，既像马褂，又似鹅掌，因此得名。

**植物的"混血儿"也有优势**

## 20. 山茱萸，"结实红且绿，复如花更开"

阿乔：老师，古诗中经常提到的山茱萸有什么特别之处吗？

教授：山茱萸在条件好的地方可以长成乔木，高达10多米，在条件差的地方也能长为灌木，高三四米。它在春天是先开花、后长叶，花为伞形花序，小黄花非常漂亮。山茱萸最大的特点是果实，秋季红果累累，娇艳欲滴，艳丽悦目，作为秋冬季观果佳品，在园林绿化上特别受欢迎。

兰兰：我想起来了，王维的《茱萸沜》一诗中就有您说的景观，"结实红且绿，复如花更开"，果实红得像花儿一样。

阿乔：山茱萸果是不是还有重要的药用和保健价值？

教授：没错，山茱萸果肉里含有16种氨基酸，以及大量人体所必需的元素。另外，它还含有许多生理活性物质。它具有滋补、健胃、利尿、补肝肾、益气血等功效。

兰兰：这又是一棵"颜值高"还在努力的树啊！树怎么都那么努力呢？

教授：因为面对大自然的严酷环境，不努力就没法活啊！而且，努力的方向也是多头的，因为它不知道哪天就会碰到哪种灾难，这也造就了树木多功能的特性。

阿乔：树木有多功能，那么由树木组成的森林，功能是不是就更多了？

教授：那还用说，前几天我们不是刚谈论过森林的功能吗，又忘了吧！

兰兰：没忘，我都不用想，张口就能说出不少，比如保持水土、涵养水源、调节小气候、净化空气、改善居住环境等。

阿乔：没错，我家住的那个小区，自从种上树，感觉就像住在森林里面。

教授：知道国家为何大力提倡种树了吧？

阿乔：知道啦，我家房子还会升值的。

兰兰：就知道惦记你家房子，等房价升上天，你还不成"超人"呀。

阿乔：房价要下跌呢？

兰兰：成"房奴"呗！

教授：哈哈哈！

小贴士

植物都很努力，因为面对大自然的严酷环境，不努力就没法活。

山茱萸颜值又高又努力

## 21. 新品种怎么这么厉害

教授：看，急性子培育的新品种，长得快，结果也快！

兰兰：哇！真的是耶，还一兜一兜打包好的，多好采摘啊！

教授：开玩笑，这是一棵桃树，有人在上面挂了一兜核桃，我觉得有意思，就拍下来了。

兰兰：哈哈，我差点儿当真了，要这么讲课一定很好玩！

教授：玩笑归玩笑，上课可不能这么讲。至于培育新品种嘛，不是一两句话能够解释清楚的，你们想听吗？

兰兰、阿乔：想听，想听。

教授：那我就三四句话讲明白吧，要说清楚新品种，得先说什么是"种"。种是生物分类的基本单位，是指一群形态相同、能够交配繁殖，并且繁殖的后代也可以繁殖的相关生物群体。比如，桃树是一个种，李树、苹果树等都是不同的种。

阿乔：这个学过，但为什么同一个种内也会出现长相不同的个体呢？

教授：种是自然进化的结果，而且还在不断进化，因此在种的基础上又会有很多变种。而新品种多指人工选育的。比如，对蟠桃进行选择，就可能发现某一株的果实明显大于其他树上的果实，就用这株树的枝条进行嫁接，这样就会繁殖出很多的大果蟠桃树，就可命名为大果蟠桃，经过国家农作物品种审定委员会批准，就算新品种了。

兰兰：为什么非要采用嫁接繁殖，用种子繁殖不行吗？

教授：不行，现在选的很多变异特性，是树的芽突变后产生的，只有通过嫁接等无性繁殖方法才能保持其变化了的特性。如果采用种子繁殖，由于遗传基因重组，后代就不一定是大果蟠桃，有可能是普通蟠桃，果实又回到常规大小了。

阿乔：原来如此，怪不得我听别人在买果树苗时，特别强调要买嫁接苗。

兰兰：你的耳朵倒是挺管用的，净听关键词。

阿乔：不是耳朵管用，是脑子管用。

兰兰：是吗？那你下次买东西的时候把耳朵堵上，看是什么管用。

阿乔：人家肯定认为我脑子出问题了呗！

教授：哈哈哈！耳朵收集信息，脑子处理信息，本来是一个系统，你俩偏要
　　　分开说，不就出问题了。

**小贴士**

无性繁殖能很好地
保持母树的优良性状。

**急性子培育的新品种**

## 22. 以从事生态文明的林学为专业，你就偷着乐吧

教授：一年夏天，我在国外参加一个国际会议。最后一天晚上，在森林中的一个古堡酒店举行露天晚宴，周围还亮着灯。这要在我们这里，会看到什么景象？

阿乔：飞虫，肯定到处都是飞虫啊！

教授：但令人震惊的是，整个晚宴竟然无一飞虫现身。

兰兰：飞虫都去哪儿了？

教授：这让我想起了《寂静的春天》里所描写的景象。

阿乔：我也看过《寂静的春天》，它反映了美国 20 世纪 60 年代大量使用DDT① 等化学药剂对付农业和林业上的病虫，导致包括人在内的大量生物受害，本该鸟语花香、万物复苏的春天寂静了，没了生气。

教授：这说明国外发达国家的环境也并不是都很好，而如今我们很多地方的情况恐怕也不会比书中描写的情况好到哪儿去。

阿乔：也说明国内外的生态文明素养都有待提高啊！

兰兰：我倒要问你，什么叫生态文明？

阿乔：通俗地说，人类目前经历了农业文明、工业文明这两个文明阶段，但是在这两个文明阶段，人们对环境造成了破坏，尤其是工业文明阶段，人们对环境的破坏更为严重。现在提出生态文明，就是要解决人与自然的和谐，人的生产和生活不能以牺牲环境为代价。

兰兰：照你这么说，原始社会最生态文明，对环境没有破坏啊！

阿乔：不对，生态文明是比工业文明更高一级的文明，前提是必须在富裕的基础上解决人与自然的和谐，也就是既要赚钱，又不破坏环境。

兰兰：懂了，原始社会生态最好，但没有文明；农业文明生态不错，但很穷；而工业文明富起来了，可环境被破坏了；只有生态文明才是既富

---

① DDT 又叫滴滴涕，二二三，化学名为双对氯苯基三氯乙烷，是一种有机氯类杀虫剂。

裕，环境又好。

教授：通俗易懂，总结得不错。

阿乔：这回知道我们专业不错了吧？

兰兰：知道了，种树是重建人类美好家园的伟业啊！阿乔，能以此为专业，
　　　你太幸运了，你是准备偷着乐呢，还是大张旗鼓地乐？

教授、阿乔：哈哈哈！

**小贴士**

生态文明是人类遵循人、自然、社会和谐发展这一客观规律而取得的物质与精神成果的总和。

飞虫都去哪儿了

## 23. 减排勇士告诉你，什么叫低碳生活

兰兰：爸，你们这是干嘛，集体洗脚？

教授：这是我们开完国际会议以后，几个要好的朋友坐在泳池边讨论问题。

阿乔：这个办法好，为了应对全球气候变暖、减少空调的使用，今后的国际会议就应该这样开。

兰兰：照你这个思路，第一步先泡脚，如果温度再升高，就穿泳装下水？

阿乔：对，英雄所见略同，咱们想到一块儿了！

兰兰：拉倒吧，这要浪费多少宝贵的水资源，你想过吗？

阿乔：呦，还真没想到，光顾着凉快了。

兰兰：应对气候变暖，应该想办法减少碳排放才是。

阿乔：什么叫碳排放？

兰兰：碳排放都不知道，你如何应对气候变暖。看来还得给你科普一下，碳排放就是……还是让我爸说吧！

教授：碳排放是关于温室气体排放的一个简称。

阿乔：那我们怎么减少碳排放呢？

教授：因为人类的任何活动都有可能造成碳排放，所以，减少不必要的活动就是低碳生活，就能减少碳排放。

阿乔：噢，明白了。那我们减少私家车出行、少用空调、少洗衣服都是低碳行为吗？

教授：没错。

阿乔：少呼吸呢？

兰兰：你不想活啦，呼吸是你能控制的吗？

阿乔：我这不是想多多地减少碳排放嘛，一不留神，把自己搭进去了。

兰兰：没关系，你要愿意憋着不呼吸我也没意见。不过你万一哪天没有掌握好度，憋坏了，那也是"减排勇士"，我送你一副对联。

阿乔：怎么说的？

兰兰：憋气减排舍我其谁，呼吸受损无人效仿。横批，不懂科学。

教授、阿乔：哈哈哈！

**小贴士**

温室气体中最主要的气体是二氧化碳，因此用碳作为代表。温室气体对来自太阳辐射的可见光具有高度的透过性，而对地球反射出去的长波辐射具有高度的吸收性，也就是说，照射到地球的太阳光多了，而散出去的热量少，从而导致全球气候变暖，即常说的"温室效应"。

造林就是固碳，绿化等同减排

## 24. 所有生物都是命运共同体，气候变化惹的祸谁也躲不过

教授：你们看，这是我秋天在欧洲拍的一张照片，已结果且叶色发黄的欧洲七叶树上竟然又开花了。

兰兰：真的是，春花秋实同一树，好看！

阿乔：这可不是好兆头，要大难临头了。

兰兰：别吓唬人。

教授：现在是秋天，落叶树本该结完果，树叶变黄、脱落，准备过冬的，它倒好，竟然开花了，过两天低温一来，不就等着冻死吗？

兰兰：这也怪不得欧洲七叶树啊，是人类把天气弄得那么热，树的生物钟都被打乱了。

阿乔：是气候变化惹的祸，让树来背锅。冤啊！

兰兰：什么？这都什么时候了，还分树呀，人呀的，告诉你，所有生物都在同一条船上，我们是休戚与共的命运共同体，气候变化带来的灾难谁都逃不过。倒是欧洲七叶树想得开，多开几串花，多摆拍几个"姿势"，大难临头也要漂亮点儿。

教授：哈哈哈，还是我女儿懂花的心思！

阿乔：大概每种生物都会抓住机会绽放自己吧！

教授：话说回来，一般植物遇到不利的环境，就会提前开花结果，结实后以种子的形式保存基因，即使"父母"死亡，种子依然携带其基因，而种子忍耐不良环境的能力要比树木强很多，等不良环境过去后，种子还可萌发，从而保证了种族的延续，这是植物的自我保护机制。

阿乔：难怪我经常看见干旱、贫瘠立地上的树木，没长多大就开花结果了。

兰兰：这叫穷人的孩子早当家，贫地的树木早结果。

阿乔：文科生就是厉害，总结规律一套一套的。

教授：哈哈哈！

穷人的孩子早当家，贫地的树木早结果

## 25. 你有什么权力来指示我们的植物

兰兰：阿乔，你知道"指示"这个词是什么意思吗？

阿乔：这么简单的问题还问我，不就是上级对下级说明处理某个问题的原则和方法嘛！

兰兰：不错，那就问你一个比较难的，什么是"指示植物"？

阿乔：这个更简单，是指对环境变化敏感，能够在一定区域范围内指示生长环境的植物种、属或群落。

兰兰：可以啊！专业基础很扎实嘛！

阿乔：可不，他们可都叫我"学霸"呢！

兰兰：好吧"学霸"，你说说如果将这两个词混用，会出现什么状况？

阿乔：这个……

兰兰：哈哈，"学霸"被打回原形了！给你讲个故事吧。爸，您先别剧透哈。有一位植物学家，"文化大革命"时去一个矿山进行植物调查，单位给他开的介绍信上说去调查指示植物，可矿山管理人员怎么也不让进，你知道为什么吗？

阿乔：植物学家去调查为什么不让进，还拿着介绍信呢！

兰兰：矿山管理员说："你有什么权力来指示我们的植物？"你知道的，在那个年代只有最高领袖才能做指示。

阿乔：哈哈哈，笑死我了，真是"秀才遇到兵，有理说不清"啊！

兰兰：爸，我讲得没错吧？

教授：没错，故事中的植物学家是我们学校的教授，这些照片上的图就是他拍摄的榆树、鸡蛋果、蜡梅花粉的显微照。

阿乔：好漂亮啊！

兰兰：说明它们很有美感呦！

教授、阿乔：哈哈哈！

🌿 **小贴士**

指示植物是指对环境变化敏感，能够在一定区域范围内指示生长环境的植物种、属或群落。

花粉很有美感呦

## 26. "如果有来生，要做一棵树，站成永恒"

教授：看，这是我在沙漠里拍的照片。胡杨是随青藏高原隆起而出现的古老树种，也是生活在沙漠中的唯一高大乔木。和一般的杨树不同，它能忍受荒漠中干旱、多变的恶劣气候，对盐碱有极强的忍耐力。为了适应沙漠恶劣的环境，生长在幼树嫩枝上的叶片狭长如柳，大树老枝条上的叶却圆润如杨，又被称为"异叶杨"。在新疆塔里木河流域，胡杨树也被当地的维吾尔族人称为"英雄树"，有"生而一千年不死，死而一千年不倒，倒而一千年不朽"的说法。

兰兰：胡杨死了千年还不倒，这是有多大的冤啊？

阿乔：没有冤，它只想站成永恒！

兰兰：永恒是什么？

阿乔：永恒就是不倒。

兰兰：那你直接说不就得了。

阿乔：给人的感觉不一样，"不倒"太俗，只能表达状态，不能体会精神；"永恒"就不同了，永远是积极向上的，给人无限的力量。

兰兰：有点儿意思，三毛也说过，"如果有来生，要做一棵树，站成永恒，没有悲伤的姿势：一半在尘土里安详，一半在空中飞扬；一半散落阴凉，一半沐浴阳光。非常沉默非常骄傲，从不依靠从不寻找"。

阿乔：就是，这说明我和作家的精神高度一致，看来我也有当作家的潜质啊！

兰兰：是，你是坐在家里面的那个"坐家"，离"作家"不远了。

教授、阿乔：哈哈哈！

特殊的胡杨

## 27. 山楂果合唱队员的晨练

兰兰：你们看，这张照片像不像合唱队员的晨练，个个都在飙高音啊！

教授：哈哈哈！你别说，还真有点儿神似。

阿乔：哦，这也是山楂果吗？我只见过红的，还是第一次看见绿色的山楂果。

教授：大部分树木的果实在成熟之前都是绿色的，成熟以后才变成红、黄、褐、黑等较深的颜色。山楂的花也很漂亮，白白的，春天盛开时，满树绿白相间，美极了。

兰兰：我更喜欢红红的山楂果，做成冰糖葫芦，味道那叫一个棒。

教授：那你知道冰糖葫芦是怎么来的吗？

兰兰：不知道。

教授：据说南宋绍熙年间，宋光宗最宠爱的皇贵妃生了病。她面黄肌瘦，不思饮食。御医用了许多贵重药品，皆不见效。无奈只好张榜求医。一位江湖郎中揭榜进宫，为皇贵妃诊脉后说："只要用冰糖与红果（即山楂）煎熬，每顿饭前吃五至十枚，不出半月病准见好。"皇贵妃按此办法服后，果然如期病愈了。后来这种做法传到民间，老百姓又把它串起来卖，就成了冰糖葫芦。

阿乔：是的，山楂特别助消化。也许是皇贵妃山珍海味吃多了，不消化，所以小小山楂就解除了病痛。可是山楂好像有很多种，做冰糖葫芦的是哪一种？

教授：山楂是蔷薇科山楂属下的一个种，做冰糖葫芦的就叫山楂。

阿乔：山楂的加工产品也不少啊，如山楂饼、山楂糕、山楂片、山楂条、山楂糖葫芦等。这么多好吃的，要是吃多了，是不是也会出现山楂积？或者胃口越开越大，变成大胃王？

兰兰：都不会，就山楂那个酸劲儿，吃多了不把牙酸倒，也得胃泛酸。

阿乔：可有人就是不怕，继续吃呢？

兰兰：没事儿，消化不了的山楂果一发酵，他就成"醋坛子"啦！

教授、阿乔：哈哈哈！

山楂果的作用

## 28. 红杉树，倒下去一株，站起来一排

兰兰：看这棵树，好神奇啊，倒下去一株，站起来一排。

阿乔：有意思，照这种说法，要是倒下一片，估计站起来的可能就是整片林海！

兰兰：这是什么生存策略？

阿乔：这叫"人不犯我，我不犯人。人若犯我，我占他全境！"

兰兰：哈哈哈，爸，这是什么树？

教授：红杉树。

阿乔：是不是那种大名鼎鼎、号称"世界爷"的树？

教授：正是。"世界爷"是指北美红杉，它仅分布于美国加利福尼亚州和俄勒冈州海拔 1000 米以下、南北长 800 千米的狭长地带。树干的胸径有的可达 8 米，树高达 110 米，是世界上最高的树之一。

兰兰：为什么红杉树会长这么高大？

教授：主要有两个方面吧。第一，基因的原因。红杉树生长特别快，它是自然界光合效率最高的植物之一，在仅为全光照 1% 的庇荫条件下，也能生长良好。第二，环境条件适合。树木生长最适宜的条件包括适宜的温度、充沛的水分和丰富的矿质营养，而红杉树生长的地区属于亚热带，这些条件全都满足，雨量十分丰沛。

阿乔：可是，为什么会有倒下去一株站起来一排的现象，是怎么造成的？

教授：是因为红杉树的萌生能力特别强，树倒以后，从树干各个部位萌发出新芽，逐渐长成了树。这跟我们过去杨树育苗中，采用埋条法是一个道理，将杨树的一根长枝条埋到土壤中，就会从枝条上萌发出不少小苗，将两株小苗中间的枝条截断，就能培养出独立的杨树大苗。

阿乔：好呀！那我们为何不在沙漠中埋上很多枝条，森林很快就起来了嘛！

教授：这就是森林培育的不易之处，一个树种，一个地方可行的，换一个地方，换一个树种就不一定行。

阿乔：是我异想天开了？

兰兰：没关系，你的异想还不够大胆，天都还没为你开嘛！

阿乔：文科生就是厉害，连成语都能拆开用。

兰兰：哪有理科生厉害，你都敢异想天开了。

教授：哈哈哈！为了防止你们再异想天开，我得带你们去林区，看看实际生产情况。

兰兰、阿乔：太好了！可以去看真正的大森林啦！

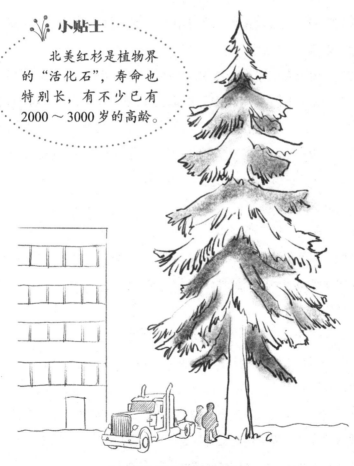

小贴士

北美红杉是植物界的"活化石"，寿命也特别长，有不少已有2000～3000岁的高龄。

红杉树是世界上最高的树之一

## 29. 牛人牛树，认认真真做好该做的事，就牛了

兰兰：这棵树的树干上怎么有小坑?

阿乔：好像是寺庙里的树，它的旁边还有一座塔。

教授：这棵树要是长在一般的地方，就算是"破相"了。可它长在少林寺，就不一般了。据说树皮上的小坑是武僧练二指禅时留下的痕迹。这是一棵有故事的树啊！当我们说谁是一个有故事的人时，那是说这个人很牛，是"牛人"，那这棵树就应该是"牛树"啦！

兰兰：可我不喜欢那些晨练的人用手在树上又是戳、又是打的，树也是生命，该多疼啊！

教授：的确，树跟人一样，是生命，有情感，还有智慧。比如，树根在地下什么都看不见，可它就能绕过重重阻碍，找到它想要的东西。还有，在树木的花期，雌花的柱头上会落满各种树种的花粉，雌花却能准确辨别哪个花粉是跟自己同一个种的，于是就刺激雄花的花粉发芽，然后伸长到子房，在那里与卵子结合，发育成种子。

兰兰：哇，好机智啊！

阿乔：老师跟树有过交流吗?

教授：有啊，当我给树拍照时就经常发现，拿照相机前树安安静静地不动，可等我拿出照相机对焦时，树叶就开始摇晃了。

阿乔：难道树也会害羞吗?

兰兰：爸，我们什么时候去森林? 我想去找树聊天。

教授：今年暑假我正好要带学生去长白山林区搞调查，你跟我们去吧。

兰兰：好呀！阿乔去吗?

阿乔：当然去，除了调查，我还要像老师一样，多给树拍照，建立我自己的树木照片库，将来写论文时肯定能用上。

兰兰：够有心眼儿的，将来你也会成为有故事的人。

阿乔：我也能成"牛人"吗？

教授：有什么不能的，认认真真做好该做的事，你就牛了。

兰兰：不过，到时候别脸朝天牛哄哄的，你就更牛！

教授、阿乔：哈哈哈！

**小贴士**

植物体由细胞构成，植物的生命活动也是通过细胞的生命活动体现出来的。

有故事的树

## 30. 观森林美景，千万注意安全

阿　乔：老师，这次去长白山林区，我想拍森林的全景，林区什么地方最高呀？

教　授：当然是森林防火瞭望塔了。

兰　兰：瞭望塔有这么高吗？我喜欢这张照片，这叫"绝顶我为峰，自拍留作证"。

阿　乔：作证给谁看？

兰　兰：网上看我美上天！

兰兰妈：美上天可以，千万注意安全。

兰　兰：知道了，走路不拍照，拍照不走路。您都说了好多遍了。

兰兰妈：说多少遍也还要说，要警钟长鸣的，你没见经常有人只顾自拍而坠河、坠楼、坠崖的吗，生命脆弱，千万要珍惜，小心总没错！

兰　兰：我会的，我已经养成这样的习惯了，当看到美景的时候，我首先会找一个稳固的地方站立，然后观察四周，看是否有潜在危险，再抬头看看上面，是否会有东西掉落。等这些都检查完了，再拿出手机拍照。

教　授：这就对了，就是应该这样。

阿　乔：但这样有时也会错过一些稍纵即逝的美景。

教　授：美景无限，生命有限。美景错过还会有，生命失去不再来。有人本来只想不错过一个美景，结果却错过了一生。

兰　兰：美景成危险的诱惑了！

兰兰妈：阿乔，你们也得留心你们老师，他做事儿太投入，经常就忘记自己在哪儿了，磕着碰着也是常有的事。

阿　乔：好的！

教　授：得了吧，我身手比他们灵活，要说爬山他们都追不上我。

兰兰妈：这我信，你这从小打篮球练就的身体，他们两个都没法儿跟你比。不过，要是碰见熊瞎子，就你跑得快，一个人跑了，兰兰和阿乔出点什么状况，我可跟你没完。

教　授：好嘛，我成地震发生时不顾学生，自己先跑的"范跑跑"了。

所有人：哈哈哈！

**小贴士**

森林防火瞭望塔是为了尽早发现火情，在各个林区最高处建立的观察火情的地方，一般建成几层楼的高塔，塔顶有望远镜，还配有电台，有人长期驻守，这些观察员长期在没有人烟的地方值守，为保护森林做出了重要贡献。

**站得高才能观林海**

# 中篇　学习与树木对话

　　长白山林区是石教授的一个科研点，每年都要去几次，由于经常接触，石教授和林区管理员常凯成了好朋友。常凯性格豪放，做事雷厉风行，热爱大自然，尤其是喜爱植物，每当聊到林木的时候总能提起他的兴趣。他特别关心学生，经常给学生解答林业生产的问题，师生们亲切地称他为凯叔。

## 31. 黑白桦"对决"

兰兰：凯叔，我爸爸说您能听懂树的话，还常和树聊天，您能教教我吗？

阿乔：凯叔，我也想学。

凯叔：好呀！谁想学我都教，但有一条，你们必须对树有爱心才行。

兰兰、阿乔：我们都爱树。凯叔，您现在能给我们表演一下吗？

凯叔：没问题，有一天我听到白桦和黑桦在聊天。

黑桦：白桦，你把树皮搞那么白，让别的树怎么想！

白桦：没办法，人家都管我叫白桦了，不整白点，怎么对得起人呢？

黑桦：照你这么说，我是不是也得把自己弄得更黑。

白桦：我没说，这可是你自个儿说的！

黑桦：你别得意，你没听说过"白不吡咧"吗？

白桦：没有，我只听说过"黑不溜秋"！

黑桦：不要以为"一白遮百丑"，咱俩比比，看谁的作用更大吧。

白桦：好呀！我让你先说。

黑桦：我的木材更重，心材是红褐色的，边材是淡黄色的，可以做火车车
厢、车轴、车辕、胶合板、家具、枕木、织布用的木梭及建筑用材。

白桦：我的木材虽然用途比你少，但我的树皮可以用来提炼桦油。

黑桦：我的种子也可以用来榨油。

白桦：我是很好的观赏树种。

黑桦：我们打平了，我的材质好，用途比你多，而你的观赏价值更大。

白桦：谁跟你打平，我还是俄罗斯的国树呢！你是啥？

黑桦：嗨，你不还是靠白嘛，真是"一白遮百丑"啊！

白桦：要不你也去整整容，或者抹点白霜什么的，把自己弄白。

黑桦：拉倒吧，你没听说过"要想俏，一身皂"。现在好多上岁数的人
都开始染发了，把白发染成黑发，流行黑色是迟早的事。

白桦：大家都搞成"一身皂"，俏是肯定的，只是名声不好！

黑桦：有啥不好的？

白桦：你们跟乌鸦撞色了，"天下乌鸦一般黑"啊！

教授、兰兰、阿乔：哈哈哈！

🌱 **小贴士**

白桦主要分布在北方或高海拔地区，树皮光滑、呈白色，像纸一样，可以分层剥下来。它和黑桦同属桦木科桦木属。

黑桦跟乌鸦撞色了

## 32. 花为什么是主角儿

凯叔：兰兰、阿乔，走，我带你们去看看我怎么跟树聊天。

兰兰、阿乔：好嘞！

凯叔：看这里，树叶正在和花理论呢！

树叶：我们叶子要形有形，要色有色，哪一点不如花？

凯叔：对，没花的时候，你们就是主角儿了。

树叶：那有花的时候呢？

凯叔：有花的时候，你们就只能是配角儿了。俗话说"红花配绿叶"嘛！花是为了生儿育女，繁衍后代，不是在跟你们争奇斗艳。

树叶：是这样子啊！真不好意思，我们给"花姐姐"赔不是。

凯叔：又错了不是，还有"花哥哥"呢。只有雄蕊的花，叫雄花；只有雌蕊的花，叫雌花。所以你们只跟"花姐姐"赔不是，不就得罪了"花哥哥"了吗？

树叶：还真是的。

凯叔：雄蕊和雌蕊将各自带的遗传信息合二为一，发育成种子，新的生命就诞生了！

树叶：啊，太伟大了！

凯叔：其实你们同样伟大。没有你们生产的碳水化合物，不要说花没法儿开放，我们大家都没法儿活了。结果倒好，你们去和花比美、争主角，把自己的强项给丢了。

树叶：啊！是吗？

凯叔：好好反思吧！认识自己，做好自己。什么红叶、黄叶、紫叶、蓝叶、花叶，都不是你们的主流，叶的主流就是绿叶，无可替代。

树叶：真是醍醐灌顶啊！谢谢！我们走了。

凯叔：不去跟"花哥哥""花姐姐"聊天啦？

树叶：不聊了，我头晕。它们一会儿完全花、不完全花，一会儿又单性花、两性花，再不就雌雄同株或雌雄异株，把我都搞晕了，不知道该叫什么了。

凯叔：哈哈哈，你以为生儿育女那么容易啊！

**小贴士**

雌花和雄花不生在同一植株上的，叫作雌雄异株。雌花和雄花生在同一植株上的，叫作雌雄同株。

**植物生儿育女不容易**

## 33. 云叶树，我怎么没听说过

教授：凯叔，你学过树木学吗？

凯叔：学过，不是我吹牛，上大学的时候，我的树木学是全班学得最好的。

教授：那您应该还记得树是怎么命名的了。

凯叔：这不在话下，树木命名用的是双名法。为了防止同一个树种有多个名字而引起混乱，生物分类中统一采用双名法为树种命名。每个树种的名字由拉丁文的属名和种名两部分构成，并在后面附上命名者。

教授：不错啊，看来当年学得很扎实。您看我手里照片中的树叫云叶树，拉丁学名为 *Pinus cloudyenses* L.，认识吗？

凯叔：感觉有点熟悉。

兰兰：哈哈，凯叔也上当了。这是在冬天落了叶的树上正好有一片白云，就给它命名为云叶树了，拉丁名也是胡编的。

凯叔：原来如此，您这幽默也太有想象力了，我这号称树木学不错的人都被糊弄了，没学过的恐怕就更别提了。

教授：没学过的不明白可以理解，但是学过的竟然也没明白，只能说明您的幽默感不够呀，凯叔。

凯叔：惭愧惭愧，这幽默将来也得区别对待了。

教授：怎么讲？

凯叔：首先得按专业划分，如林业幽默、农业幽默、物理幽默、化学幽默等。在专业里面再分等级，如本科、硕士、博士、博士后。

教授：照您这么说，将来说个笑话，还得搞明白是林业硕士的幽默，还是物理博士的幽默喽！如果在大学毕业典礼上，有化学博士学位的校长致辞，讲了一个化学博士幽默，那会是什么景象呢？

凯叔：那场面绝对有喜剧效果，台上的校长开怀大笑，台下的大多数学生一脸茫然，只有几个化学博士在偷着乐。

教授：哈哈哈，画面感超强啊。

兰兰：嘻嘻嘻，凯叔超幽默！

**小贴士**

树种的名字中，属名的第一个字母必须大写，种名则不用，但两者都要使用斜体。例如，油松的拉丁学名为 *Pinus tabuliformis* Carr.。这就如同树的证件号，一个树种独此一个，全世界的科学家都可以交流，不会乱。

林业幽默也分等级

## 34. 柳姿撩人，但柳絮撩过头了

教授：柳姿撩人啊！心静为圣，心动为凡。

凯叔：要是心乱如麻呢？

教授：是有病！

凯叔：要是无所谓呢？

教授：是佛系！

凯叔：您属于哪个系？

教授：林学系。

凯叔：哈哈哈，柳姿竟然撩出了林学系，够能撩的。

教授：您还别说，柳姿还撩出了千古名句呢。

凯叔：哪句？

教授："碧玉妆成一树高，万条垂下绿丝绦。不知细叶谁裁出，二月春风似剪刀。"这大概算咏柳诗中最著名的了。

凯叔：太有想象力了，这是柳姿激发人的想象，人树共同创造的结晶。

教授：的确，创造需要想象，伟大的创造更需要超凡的想象。凭借这个想象，唐诗达到了中国古典诗的高峰。也凭借这个丰富的想象，唐朝人给柳树安排了一项工作。

凯叔：什么工作？

教授：送别，折柳送别在唐朝可是时尚。

凯叔：于是大家都种柳树，柳树一多，柳絮满天飞，更撩人啦！

教授：您算说对了，漫天飞舞的柳絮虽然激发了唐朝人的无限遐想。但有些也有点儿过了，比如杜甫就说"不分桃花红胜锦，生憎柳絮白于绵"。

凯叔：连"诗圣"都生这么大气，可见柳絮的确撩过头了。

教授：但是，柳絮带给人的不仅仅是烦恼，也带给人壮志凌云的豪气。例如，《红楼梦》里薛宝钗的《临江仙·柳絮》中的"好风凭借力，送我上青云"。没想到吧，柳絮还能有如此高大上的时候。

凯叔：哪儿啊，那是人家薛宝钗高大上。

教授：也不是，是曹雪芹高大上。

教授、凯叔：哈哈哈!

**小贴士**

柳树是杨柳科柳属植物的总称，全世界有 520 多种。其中的垂柳，枝条细长，生长迅速，自古以来深受中国人民喜爱。

柳絮也有高大上的时候

## 35. 绿化既是科学也是艺术

阿乔：爬吧，爬到顶就红了！

凯叔：你说谁呢？

阿乔：我说爬山虎呢。它那么细小的藤蔓竟然能爬上屋顶，可真能。

凯叔：可别小看爬山虎，它可是城市立体绿化的重要藤本植物，为改善我们的居住环境立了大功。你是学林业的，你说说它有什么优势。

阿乔：它有三个优势。首先，它的吸附攀缘能力非常强，有吸盘，能非常牢固地附着在平直的砖墙、水泥墙和石坡上。其次，它的生命力、适应性、抗逆性都很强，能够在土层非常瘠薄、自然环境恶劣的地方生长繁衍，抢占地盘。最后是生长速度快，一年可以长好几米，能够快速绿化环境。

凯叔：这些的确是它的优点，但是最关键的一个优势你没说出来。

阿乔：哪个？

凯叔：好看呗！春天嫩绿，让人感到生命的美好；夏天浓绿，带给人丝丝凉意；秋天红叶满墙，鲜艳灿烈，尤其是整栋大楼从上到下红透的那种感觉。

阿乔：好看这事儿带有强烈的个人主观意识，我们搞科研的就是要排除主观意识。所以，好看不好看不归我们管，让搞艺术的人弄吧。

凯叔：可是，你别忘了，我们关于绿化的事业既是科学又是艺术。

阿乔：啊！可我没有艺术细胞啊！

凯叔：还说你是搞科学的，你身上有没有干细胞？

阿乔：有干细胞呀，每个人都有啊。

凯叔：干细胞是人身上具有自我复制能力的多潜能细胞，在特定条件下可以分化成多种功能的细胞，所以它们也被称为"万用细胞"。你只要创造条件，培养艺术细胞根本不是问题。

阿乔：太好了，我要是艺术细胞增多，能成艺术家吗？

凯叔：可以，只要不是癌细胞增多，什么家都能成啊！

阿乔：哈哈哈！

小贴士

　　著名作家叶圣陶先生的《爬山虎的脚》对爬山虎的描述非常生动细致："那些叶子绿得那么新鲜，看着非常舒服。叶尖一顺儿朝下，在墙上铺得那样均匀，没有重叠起来的，也不留一点儿空隙。一阵风拂过，一墙的叶子就漾起波纹，好看得很。"

搞林业也需要艺术细胞

## 36. 为什么"十年树木，百年树人"

教授：那片美人松是不是有点儿像一群穿着绿色上衣、黑色长筒袜的人。有的大步流星，有的驻足观看。

凯叔：还真有点儿那个意思。人同树木，树木同人嘛。不过我发现有的大学把"树木树人"这几个字放到校训里面，不知道是什么意思。

教授：这几个字出自《管子》中的一段话："一年之计，莫如树谷；十年之计，莫如树木；百年之计，莫如树人"。"树"在这里做动词，是培养、栽培的意思。后来这句话就逐渐浓缩为"十年树木，百年树人"了。校训嘛，尽量字少，又被浓缩，就成了"树木树人"。

凯叔：原来如此。十年树木好理解，但是为什么要百年才能树人呢？我们现在小学 6 年、中学 3 年、高中 3 年、大学 4 年、硕士 3 年、博士 3 年，共 22 年，再加上学前 7 年，30 年左右不就够了，为什么要百年？

教授：这个问题问得好，我觉得"百年树人"有两层含义。第一层意思是，成为大师级人物需要长时间努力，博士毕业也只是获得从事某个研究领域的基本条件而已，离大师还差得很远。第二层意思是，大师级人物不是孤立产生的，需要以人才辈出为基础，这就需要百年的积累，大致 30 年一代，三代人。

凯叔：有道理！

教授：这样一来，"十年树木，百年树人"就应该是很精练了，不能再减字了。否则，再缩成"树木树人"，意思就变了，丧失了这句名言的灵魂——树木和树人在时间上的差异。

凯叔：没那么严重，也就是一个缩写而已，应该没关系。

教授：没关系？那把您的孩子送苗圃入托也是可以的了，树木树人嘛，一个道理。苗圃工人给孩子灌水、施肥、除草、打药，孩子就和树苗一起茁壮成长，十年就成才了，多快好省啊！

凯叔：哈哈哈！我的孩子还是上幼儿园吧，慢点就慢点，培养大师就得慢慢来。

教授：哈哈哈！终于明白了。

小贴士

树木的培养，首先要在良种基地采种，在苗圃育苗后，再进行造林，长到成材的时间，快的十几年，慢的则要几十年甚至上百年。

人和树的相同与不同

## 37. "女神"是怎样练成的

凯叔：教授，这是我刚发现的景。两块紧紧偎依在一起的巨石，连石头顶上的小树都长得一样，像不像夫妻？

教授：这不就是夫妻相嘛！绝对可以称得上是石头界的恩爱夫妻相。

凯叔：夫妻为什么会越长越像呢？

教授：我认为，人们在选择对象时，更容易选择和自己神似的。并且，长期共同的生活习惯会使两个人的表情和动作越来越相似。

凯叔：那就是相互熏陶，跟"近朱者赤，近墨者黑"一个道理。

教授：差不多吧！

凯叔：可是，夫妻之间谁的影响力更大呢？

教授：在狩猎和农耕文明时代，男人的影响力更大。男人有强壮的体魄，体力占优，因此男人的影响力更大一些。在现在的信息时代，体力强弱不再是维持家庭生活的主要方面，相反，语言表达、沟通、协调等方面的能力更加重要。而女人在这方面更加擅长。因此，现在女人的影响力更大一些。

凯叔：我同意。

教授：所以，女人素质高低，对一个家庭影响巨大。家庭又是社会的细胞，说到底，就是女人对社会素质的全面提升意义重大。

凯叔：那您对提高我们国家妇女的素质有什么建议？

教授：要说让成年人整天去听课学习肯定不行，最现实的是常去三个地方。

凯叔：哪三个？

教授：图书馆、博物馆、美术馆。

凯叔：为什么？

教授：图书馆是文化熏陶，博物馆是知识积累，美术馆是美感培养，但仅去一两次不会有太大变化，若能坚持十年、二十年就不一样了。

凯叔：那又怎样？

教授：她们就会变成有知识、有文化、有美感的"女神"。

凯叔：照您这么说，女人要是什么事儿也不干，整天游荡，那不成"自由女神"了。

教授：哈哈哈！

小贴士

树木生长受环境的影响很大，栽在适宜的环境能长成参天大树，种在花盆中就只能成为小老树。

环境造就人和树

## 38. 树皮的启示

教授：看这棵掉皮的树，难道树都不要皮了？

凯叔：您这是走极端，以偏概全。我们常见的掉皮的树也就白皮松、悬铃木、桉树等几种。从树皮的结构来看，由外向内，可以分为外表皮、周皮和韧皮部三个部分，掉的只是外表皮，怎么就说树不要皮了？

教授：这您就不懂了，所谓的至理名言就是这么产生的。

凯叔：比如？

教授："沉默是金"就是走极端，因为不是所有场合都是以沉默为好。"时间就是金钱"也是典型的以偏概全，因为我们还有一句是"时间就是生命"。两者一互换，结果便是生命就是金钱。这对吗？

凯叔：知道不对，您还这么做。

教授：您不懂。

凯叔：我不明白。

教授：您想想，人类的知识是如何增长的。不就是不断突破边界，偏出常识的范围，才有的新知识。人类居住的疆域是如何扩大的。不就是有人不断探索无人之地，超越极端，才有了新大陆。

凯叔：照您这么说，走极端和偏见倒有利于创新、创造了。

教授：正是。

凯叔：我晕了！

教授：这就是社会，至理名言不可全信，极端、偏见不一定全错，要想不被搞晕，就要多读书、多思考，使自己的知识成为体系。

凯叔：又要出至理名言是不是，我可再也不相信了。前些年当听到"时间就是金钱"这句名言时，那叫一个激动，我赶紧辞掉工作，给自己腾出大把的时间。结果，时间是有了，可金钱在哪儿呢？连个钢镚儿都没看到。

教授：哈哈哈！

小贴士

树干的外表皮是树皮最外部的死组织，由角质化的细胞组成。

树皮的结构

## 39. 森林也是"野火烧不尽，春风吹又生"

教授：白居易的"野火烧不尽，春风吹又生"的诗句虽然说的是草，但同样适用于森林，只不过树被烧死后，"春风吹又生"的也许是新的一代。

阿乔：我不明白，被火烧过的森林为什么还会再生，为何是新的一代？

教授：这可能有两个原因：第一，被火烧过的树木不一定死，只要根系还活着，第二年还会萌发；第二，每年树木都会产生大量的种子，成熟后就会像下雨一样散落到地上，科学家形象地称之为"种子雨"，"种子雨"落到地上进入土壤后，就变成"种子库"，贮藏在土壤里，等野火把地面的树烧死，把枯枝落叶烧干净后，春天雨水一来，种子就会破土而出，"春风吹又生"的景象便出现了。当然，这是新的一代了。

凯叔：所以，诗人就特别珍惜每次看到的美景，否则，苦难过后一切都将改变，"由来好颜色，常苦易销铄"，就是白居易看到灿烂的李花时发出的感慨。

教授：是啊，看到喜欢的美景，就多看一眼吧，看一眼，少一眼啊！

凯叔：呃，不对呀！一开始还挺正能量的，到这会儿怎么就成负能量了？

教授：自然界的能量转换常常在不经意间进行，人生也一样啊！您的人生，是希望正负能量转换明显呢，还是不明显？

凯叔：能量怎么转换咱不管，每天中午在小饭馆吃碗炸酱面，晚上下班回家，老婆炒两个小菜，喝二两小酒，嘴里哼着小曲儿"内心的平安那才是永远"！

教授：够滋润的！刷碗去！

凯叔：哎呀，我的妈呀！您可吓死我了，我还以为是我老婆来了呢。这能量转换可够明显的！

教授、阿乔：哈哈哈！

林火是森林生态系统中重要的生态因子，既可以烧毁森林，严重破坏森林的结构和功能，也可以作为营林的工具和手段，改善森林环境，促进森林生态系统的平衡。

林火的作用

## 40. 我的家乡是个好地方

教授：您注意过没，有句诗挺神奇的。

凯叔：哪句？

教授："江水绿如蓝"。

凯叔：怎么神奇？

教授：您看啊，白居易怀念江南，起因是"春来江水绿如蓝。能不忆江南？"。苏东坡思恋家乡，说"吾家蜀江上，江水绿如蓝"。"江水绿如蓝"为什么会有如此浓浓的诗意，让大诗人偏爱呢？

凯叔：因为绿色和蓝色都是好看的颜色呗！

教授：恐怕没那么简单，看看这蓝蓝的湖水和周边森林，再想想大海和森林，地球表面70%是蓝色的大海，30%的陆地上可能有一大半都是绿色。当一览地球色，森林和海洋就突显出来了。可见，绿色、蓝色是生命赖以生存的颜色，能没有诗意吗？

凯叔：也许吧。

教授：不信让宇航员在外太空做一首思念家乡的诗，肯定会是这样的"我家地球上，江海绿如蓝"。

凯叔：那倒是，思念家乡谁都得挑好的说。谁会说"我家乡穷山恶水"呢？

教授：就是，穷山恶水的地方，为什么还有人在那儿待着，还不搬家？

凯叔：我认为人家是想把自己家乡建设成您的家乡那样。

教授：我的家乡怎样？

凯叔：那肯定是绿水青山的地方呗，又富裕又有诗意。

教授：怎么讲？

凯叔："绿水青山就是金山银山"，是富裕。"江水绿如蓝"是诗意。你们不仅富得流油，而且富得淌诗。

教授：哈哈哈，我的家乡是个好地方！

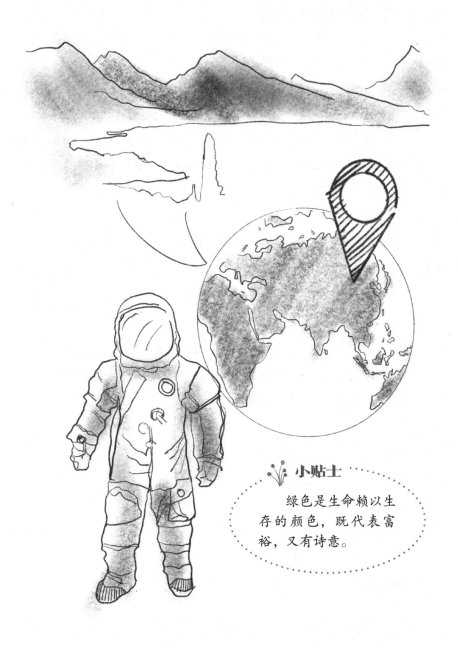

**小贴士**

绿色是生命赖以生存的颜色，既代表富裕，又有诗意。

绿水青山，富裕又有诗意

## 41. 崖柏，熬过艰辛成美景

教授：看，岩石上的柏树，好好看啊！

凯叔：真是，大自然的造化，一不留神就成了绝色美景。

教授：哪里是什么一不留神啊，那是树努力多年的结果。都说做人不易，其实做树更难。树要经受高温、低温、狂风、暴雨、病害、虫害，躲没处躲，跑又不能跑，出路嘛，只有一条——熬！当多年的小苗熬成树，树就成了景！

凯叔：成景又怎样？

教授：成景就会被人拍照，做成风景画，挂在墙上，供人瞻仰膜拜。

凯叔：那要是成不了景呢？

教授：就只能默默无闻，自生自灭。

凯叔：受人瞻仰膜拜的风景画后来怎样了？

教授：后来，被收废品的收走了！看来，成不成景差别不大，最终归宿都是一样的。因此，生命的价值体现在过程，只要奋斗过，努力过，人生就没有白过，熬到最后的都是成功者。

凯叔：可要是不努力呢？

教授：古人早就说过"少壮不努力，老大徒伤悲"。

凯叔：说得真好，古人就是厉害。

教授：您这是厚古薄今。

凯叔：没有那个意思，您想想，古人是我们的祖先，说祖先厉害，实际上暗含我们也不差的意思。

教授：真羡慕您。

凯叔：为什么？

教授：怎么着都能夸自己。

凯叔：嘻嘻嘻！祖先优秀，真没办法。

教授：那您祖先中最出名的是谁呢。

凯叔：常胜将军呀！这都不知道？

教授：哈哈哈！对对对，你们都姓常。哈哈哈！

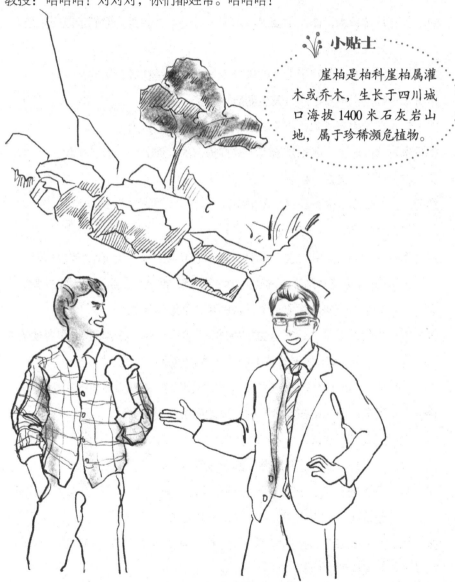

小贴士

崔柏是柏科崔柏属灌木或乔木，生长于四川城口海拔 1400 米石灰岩山地，属于珍稀濒危植物。

植物的成功也是熬出来的

## 42. 遇见天生丽质的接骨木，千万要小心啊

兰　兰：凯叔，这是什么树？

凯　叔：是接骨木，你们学会跟树木聊天了吗？看我再给你们示范一下吧。

兰　兰：好呀，好呀！

凯　叔：接骨木，你腕子上戴的黑环挺好看的，是在哪儿买的？

接骨木：哪也买不着，这是天生丽质！

凯　叔：还天生丽质呢，听你的名字，还以为是外科大夫。

接骨木：这就对了，我就是给人治跌打损伤的，你的骨头断了找我。

凯　叔：谢啦！最好不找。

接骨木：走着瞧，你找我是早晚的事。

凯　叔：为什么？

接骨木：告诉你吧，我全身都是药，茎、枝可以活血、止痛，专治骨折、创伤出血。根可治跌打损伤。叶能活血、行瘀、止痛，用于跌打骨折。

凯　叔：好嘛，一棵树就顶一个骨科医院，你够厉害的！

接骨木：算你说对了，我还有更厉害的，我的树枝在欧洲可是制作魔杖的专用材料，《哈利·波特》中的老魔杖就是用接骨木做成的。

凯　叔：你这一说，我倒想起来了，在欧洲接骨木被视为灵魂的栖息地。

接骨木：还有，据说站在接骨木树下还能避雷，要不你试试。

凯　叔：这我可不敢试，一不小心天打雷劈了。

接骨木：没事儿，被雷劈断胳膊、腿，我管治。

凯　叔：得了吧，被雷劈着就不光是断胳膊、腿的事了，是直接灵魂出窍，还治啥！

接骨木：照样没事儿，你刚才不是说了吗，接骨木是灵魂的栖息地，我连你升天后的驻地都包了。

凯　叔：天呀，看来我是逃不出你的手掌心了，以后见到天生丽质的，千万
　　　　要小心啊！

兰　兰：哈哈哈！

**小贴士**

　　欧洲中世纪时，焚燃接骨木或将它带进屋内都是不吉利的。

一棵树就顶一个骨科医院

## 43."偏心"的玉兰树和生物多样性丰富的家庭

凯叔：什么叫"偏心"，看看白玉兰就知道了，它把所有美都给了花，果就惨了！

教授：这跟"偏心"没关系，倒是说明植物进化很会抓重点。

凯叔：不明白，这跟进化有什么关系？

教授：您想想，对一株植物来说最重要的不外乎两件事，一是生存，二是传宗接代。花是繁殖器官，重要性肯定没的说。由于要吸引昆虫来帮着传粉，因此花就进化出了美丽的外表、鲜艳的颜色，还有浓郁的芳香，把最吸引人的都集中在花上了。至于果实嘛，就看情况了，如果需要鸟兽帮着传播种子，那么果实就会进化出好吃、鲜艳等特征。如果没有这个需要的话，果实就随便长了，就像白玉兰的果实。

凯叔：还真是，自然进化的结果就是尽量节省能量，绝不允许有任何浪费。

教授：说得挺好。您是不是应该也学学植物，节能、环保、低碳。

凯叔：可以啊，您说怎么学？

教授：把你们家的大房换成小房，就两三口人，住那么大的房，耗能太多。

凯叔：这个我说了不算，哎，我在我们家排第四，决定权有限。

教授：你们家不是三口人嘛，您怎么排第四呢？

凯叔：孩子第一，媳妇第二，现在不是可以生二胎了吗，第三给老二留着，我只排第四。

教授：如果你们家哪天要实行末位淘汰制，您怎么办？

凯叔：不可能，我倒是想当末位呢，但永远也当不上。

教授：为什么？

凯叔：我们家还有蟑螂，赶不净、杀不绝。另外，还时不时地有苍蝇、蚊子、蚂蚁等各种昆虫出现。我能是末位吗？

教授：好嘛，你们家的生物多样性真丰富啊，只要再做一件事，就能赶上天然林的纯自然状态了!

凯叔：什么事?

教授：把房顶拆了。

凯叔：哈哈，算了吧，别纯自然了，我们近自然就好!

教授：嘿嘿嘿!

🌱 **小贴士**

　　森林是陆地上生物多样性最丰富的生态系统。

**植物最环保**

## 44. 植物的生死

阿乔：看这棵树，死了都不闲着，竟然成为风景，我赋诗赞美一下吧！

凯叔：好啊，诗兴大发了。

阿乔：这叫"生当作优树，死亦为风景"。

凯叔：得了吧，别拿诗人李清照的诗来"套路"我们。

阿乔：没那意思，只是觉得枯倒木也能做风景，挺稀奇的。

凯叔：那只是极少数，树死了最好的归宿，就是腐烂分解，"化作春泥更护花"，倒是诗人龚自珍更懂我们树木。

阿乔：我也知道，只是觉得生前这么高大雄伟的树，说没就没，心里不是滋味儿。

凯叔：你可想多了，树木的死，其实是为下一代腾出了空间，更多的幼苗小树会茁壮成长。而且，树木的根、干、枝、叶腐烂后，会给土壤提供很多营养和有机质，这是很好的有机肥，是一个正向的循环，使森林土壤变得越来越肥沃，树木生长越来越好。

阿乔：照这么说，就没有必要给森林施肥了？

凯叔：要看是什么森林，天然林就没必要，林中所有植物通过光合作用产生的有机物，最终都会回到土壤，腐烂分解后成为有机肥，增加土壤肥力，改善土壤结构，更有利于树木生长。但是，人工林就不一样了，人工林采用的多是速生树种，生长过程中需要从土壤中吸收大量的矿质营养，等到成熟以后就全部采伐，木材运出森林，枝叶也被全部利用，树木体内的营养物质大部分不能回到土壤，导致土壤肥力越来越差，因此必须施肥，才能保证后续树木的正常生长。

阿乔：啊，原来是这么回事，那我就对树木的老死不再悲伤了。

凯叔：不用，植物的生生死死，其实就是不断地再生，那样生命才能繁盛。

阿乔：那我死了能复生吗？

凯叔：不能。

阿乔（大喊）：我想做植物！

凯叔：哈哈哈！

**小贴士**

树木的根、干、枝、叶腐烂后会给土壤提供很多营养和有机质，这是很好的有机肥。

"化作春泥更护花"

## 45. 树根为什么会长成这样

凯叔：教授，您想知道森林下面的根系是什么样子吗？

教授：想啊。

凯叔：看，从这儿看过去，就应该明白了。

教授：这是什么，有点儿像根系形状。

凯叔：这是从火山温泉流出的水留下的痕迹。因为水中含有很多矿物质，也就成了这样的彩色之路，正好给我们展示根系的模样。

教授：也就是说，水和矿物质在土壤中就是这样从上往下流动的。

凯叔：我想应该是，根系的一个重要功能就是吸收水分和矿物质，而土壤中的水分和矿质营养又是如此分布，根系"追踪"而去，自然就长成了这个样子。

教授：有道理，水是植物生长不可或缺的物质，水在植物体内所占比例高达70%～80%；矿质营养是植物构建身体的必需元素，缺乏任何一种元素都会导致植物生长不良。因此，用水和矿质营养在向下流动时的分布情况来形象地表现根系的形状，有一定道理。但是，您只说了环境的作用。还有另一半呢，基因的作用呢，如何体现？

凯叔：基因决定树一定要长根，至于这根长成什么样，跟环境有关。同样，人的下一代一定会是人，至于长得像不像他自己的父母，跟生长环境有关系。

教授：不对吧，儿子要是长得不像父亲，您就只认为是环境的问题，没有别的想法？

凯叔：能有啥想法？上学时，老师就说我想象力差。

教授：哈哈哈，没想法好，有的时候想象力差有利于家庭和谐。

凯叔：不对，我认为是儿子的创造力太强！

教授：哈哈哈，您的想象力一点儿也不差呀！

凯叔：嘿嘿嘿。

小贴士

基因有两个特点：一是能忠实地复制自己，以保持生物的基本特征；二是在繁殖后代时，受环境或遗传的影响，后代的基因会发生突变和变异。

基因和环境哪个重要

## 46. "唯有牡丹真国色，花开时节动京城"，也动了蜗牛

阿乔：凯叔，看，这树上有一只蜗牛。

凯叔：蜗牛兄弟，你怎么在这儿睡觉，你这是从哪儿来，要到哪里去啊？

蜗牛：我被骗了。听说牡丹花开得好看，我春天早早就上树来观花，可到了这里一看，根本就没有花，全是叶子，心情不好，就睡了一觉。

凯叔：你没被骗，只是来晚了，现在是仲夏，牡丹花早就谢了。

蜗牛：那怎么办？我不能白来一趟啊！

凯叔：要不这样，你接着再睡一会儿，等秋天醒来，正好赏叶。牡丹的秋叶可红了，不比花差，好多人都没有见过，你正好见识一下。赏完秋叶，你再睡一觉，就到第二年春天了，到时候就可以赏花了。

蜗牛：好是好，不过你也太小看我们蜗牛了，我们虽然动作慢点儿，但也不至于睡两觉就从今年夏天到明年春天了。我们也是要工作、学习的。

凯叔：说的也是，不能总是睡觉，应该干点什么。哎，对了，你是不是可以背唐诗宋词，关于牡丹的诗词可多了，

蜗牛：背诗词干什么，没用。

凯叔：这你就不懂了，这是为你欣赏牡丹花做的准备。你想想，如果你见到牡丹的不同景致，都能随口说出一两句古诗，显得你多有水平，多有文化。比如，看见黑牡丹，你就背苏东坡的"独有狂居士，求为黑牡丹"；看见紫牡丹，就背诵白居易的"花房腻似红莲朵，艳色鲜如紫牡丹"；要是观花的人太多，就吟诵刘禹锡的"唯有牡丹真国色，花开时节动京城"。否则，你除了说"好好看呀！"其他还能说什么。

蜗牛：还可以说"好漂亮呀！"

凯叔：就算吧，只是显得你没文化。

蜗牛：那好吧。

阿乔：凯叔厉害，竟然能跟蜗牛讲道理。

凯叔：这可是我们林业人的基本功呢，多学着点哟！

阿乔：哈哈哈，天边飘来一个字。

凯叔：什么字？

阿乔："牛"！

凯叔：哈哈哈！

别玩了！
快去背诗！！

**小贴士**

牡丹的品种可多了，有1000多种呢！

赏花也得有文化

## 47. "树高千尺也忘不了根"

　　绿色艰辛啊！看看从石头缝里长起来的树木就知道，是根系忍受了所有苦难。但根从不露脸，永远深埋于黑暗的地下。这事儿让记者知道了，写了篇报道根系的文章，根系一夜爆红。于是根系再也不愿待在地下了，要求出来，凯叔去给它做思想工作。

凯叔：根儿啊，你可不能出来啊！

根系：为什么？就允许枝叶整天在阳光下"显摆"，我出来透透气都不行吗？

凯叔：可你一出来，树就得死啊！

根系：树死跟我有什么关系？

凯叔：你是树的一部分，树死了你的生命不也结束了吗？根儿啊，你常年在土壤中生长，受土壤的保护，从未经历风吹日晒，所以你的细胞壁都比较薄，没有控制水分散失的能力，不像枝叶，有气孔、皮孔、角质层等来调控水分。所以，一旦离开土壤这个湿润、温度变化小的环境，突然暴露在温差大、有风、干燥的空气环境中，你没有办法控制水分散失，很快就会失水，死亡。

根系：啊，这么可怕，我可不要死得这么凄惨。看在你经常给我松土、除草的份儿上，我听你的，不出去了。不过你们不能忘了我呀。

凯叔：不可能忘，树干、枝叶也忘不了你。有一首歌叫"父老乡亲"，里面有一句歌词，说"树高千尺也忘不了根"，我们把你当父老乡亲看待，怎么能忘呢！

根系：是吗？还有这首歌，你唱给我听听。

凯叔：我五音不全，唱出来，一怕吓着你，二怕把这优美的歌给糟蹋了。要不我跟领导建议，在森林里搞一次音乐会，到时候来唱歌的都是歌唱家，那歌声动听极了，还有伴舞，美极了！

根系：好呀，好呀！到时候我一定出来看。

凯叔：看我都说什么了。考虑到你不能出来，伴舞就取消了。其实，只有说

听音乐会，没有说看音乐会的，刚才是我露怯了！你不怪我吧?

根系：不会的。你要是多露几次怯，没准儿我还真就能出去了。

凯叔：哈哈哈!

**小贴士**

　　新闻如果把一个植物系统拆成各个部分去分别报道，就把系统肢解了，没有系统观念的人就容易被误导。

树根也有怨气啊

## 48. 跟树学，掌握生命的节奏

凯叔：看，一条河，分两半。一半快，一半慢。快的一半泥沙泛起，慢的一半清澈见底。

教授：人生也一样，一路狂奔的，也许只落得个灰头土脸，流于浅薄；慢慢行走的，不仅眉清目秀，可能还有深厚的积淀。

凯叔：您是想说"欲速则不达"吗？

教授：不是，我想说快慢都能达，但慢的有更多的时间去欣赏美景，体会过程，感悟人生。人生就是从生到死的一个过程，会生活的人，会想尽办法让这个过程进行得慢些、慢些，再慢些。而不会生活的人，则一路狂奔，快速到达终点，你想想，早早到达终点不就是等死吗？

凯叔：哎呀，"听君一席话，胜读十年书"，我这半辈子算是白活了！我发誓，从现在起，我要调整心态，开始自己的慢生活。

教授：好呀，走吧，该回去了，天快黑啦！

凯叔：不，我还要慢慢地欣赏一会儿。

教授：快点，慢了就赶不上车啦！

凯叔：不急，要慢。

教授：您老婆来电话催啦！

凯叔：那还是快点吧！

教授：呵呵！其实，生活一味地快不行，一味地慢也不行，关键是要掌握节奏，该快则快，该慢则慢。树木就是掌握快慢节奏的高手，它的生长有时快，有时慢，有的树活了千百年还生机勃勃。

凯叔：还真是。

教授：从树木年生长规律来看，春天生长慢，夏天生长快，秋天生长慢，冬天生长停止。

凯叔：这可这么学呢？

教授：好办，在单位嘛，有事儿就快，没事儿就慢，放假就停；在家里呢，
　　　老婆催就快，不催就慢，老婆不在就停。

凯叔：看来，教授也是这么掌握节奏的！

教授：哈哈哈！

**✿ 小贴士**

　　"慢—快—慢—停"的生长规律，也贯穿于树木的整个
生命周期。比如，幼年生长慢，中青年生长快，壮年后生
长速度减慢，老年后停止生长。

**植物生长快慢有序**

## 49. 种树也是艺术活儿，但千万不要让抽象派大师来种

凯叔：你知道林业是干什么的吗？

阿乔：我想想啊。从新中国成立以来，林业头几十年是砍树的，后几十年是种树的。这不，我们林业上的劳动模范以前是像马永顺那样的砍树能手，而现在是像塞罕坝机械林场里那样的种树能手。

凯叔：你倒是挺会总结的，不过你看到的只是表面现象。告诉你吧，林业也是搞美学，搞艺术的。

阿乔：不会吧？

凯叔：这你就不懂了。我问你，如果一个光秃秃的山沟，坡上没有树，沟里没有水，你看着美吗？

阿乔：那还能是山吗？是个大土堆吧！

凯叔：我们搞林业的在这座山上种树和草，水土保持住了，环境变好了，沟里也有了清清的小溪，春天鸟语花香，夏天浓荫碧绿，秋天色彩斑斓。这不就美了吗？

阿乔：有道理。但人家搞艺术的要根据美学原理进行复杂的构思、设计、制作，最终才形成一个艺术作品，可林业种树是挖坑栽树，属于体力劳动。

凯叔：没错，如果仅仅是挖坑栽树，的确算不上搞艺术。而真正要把树种好，让树能成活、长得快，形成稳定的森林生态系统，并创造人们喜爱的美景，就不是一件简单的事了，它涉及科学，又与艺术有关。

阿乔：很好，我赞成您的观点，林业真是土堆的点睛之笔！怪不得林业有"替山河妆成锦绣"的美誉！不过搞艺术的人接受吗？我们这么抢人家饭碗。

凯叔：没事儿，艺术来源于生活，等美术界的人开始扛起铁锹种树的时候，就能体会林业的美感了。

阿乔：不够，我看林业界的人也得操起画笔绘画才行。

凯叔：林业人绘画不新鲜了，我们搞园林的画得棒着呢。

阿乔：那就等着美术界的种树了，种出美术树，哇，好期待啊！

凯叔：不过，千万不要让抽象派大师来种。

阿乔：哈哈哈！凯叔真逗！

**小贴士**

把这森林美景和美术学院师生的绘画对比一下，林业创造的是大地之美，而传统的美术作品只是在纸上、墙上绘画。从绘画的角度看，两者本质上是一样的，只不过进行创作时的对象和所用材料不同而已。

**小贴士**

先要了解地，再要了解树，然后按适地适树原则、生态学原则、美学原则，进行构思、设计、制作、管护，最终才能创造一个健康美丽的森林生态系统。

林业人的美感

## 50. 难道是雕塑家变成了园林工人

阿乔：为什么把这棵树给包上。

兰兰：有意思，这是行为艺术吧，把树木包扎得跟断臂维纳斯似的。

凯叔：在秋天树木落叶以后，园林工人为了防止冬季低温危害树木，用苫布做的防寒包扎。

兰兰：哇，做得跟艺术品似的，是雕塑家变成了园林工人，还是园林工人怀揣雕塑家梦想？

凯叔：都不是，就是普通工人。你想想，林业是国土绿化美化的主力，如果我们的从业人员没有美感，种出来的树会是怎样，设计的景观能看吗？种树从本质上说，就是行为艺术、大地艺术，搞林业的还真应该好好学习美术、绘画，提高自己的美学修养。有了深厚的美学品位，再结合林业措施去绿化城市、农村、山川、平原，景色才会更美。

阿乔：没错，我明白了。以后艺术界再搞画展或者艺术品展览，应该有林业界的作品。

凯叔：一开始，艺术界肯定理解不了，没关系，以后我们栽树的时候也把搞艺术的人叫上，等他们树栽多了，自然就理解了。

阿乔：没问题，好理解，林业作品就是树木行为艺术、大地绿化艺术，只是展厅就不是在传统意义上的室内了，而是在室外，在祖国的大地上。

凯叔：对啊，观看方式也要变，除了直接的近距离观看外，还要看无人机、飞机、卫星进行航拍、录像的画面。

阿乔：说不定在艺术品中还能看到我家呢！哇，好激动啊！

凯叔：看把你美的。

兰兰：阿乔稳住，别太美了。

阿乔：为什么？

兰兰：因为太美了就是美死了。

凯叔、阿乔：哈哈哈！

**小贴士**

造林绿化其实也是行为艺术、大地艺术。

林业艺术作品

## 51. 其实你并不喜欢自然，而是喜欢近自然

兰兰：我特别喜欢自然，我家阳台上有好多植物，将来我希望有一个更大的阳台，把长白山的美景也装进去，住在家里就跟住在自然环境里一样，多好呀！

阿乔：最好把"三山五岳"也装进去吧！

凯叔：不，其实你并不喜欢自然，你和绝大多数人一样，都不喜欢自然。

兰兰：为什么这么说？

凯叔：喜欢自然就应该和自然亲密接触，全身心地融入自然，这你能做到吗？

兰兰：当然可以，我天天都想这样。

凯叔：那好，把你家阳台打掉、门窗拆掉、房顶掀了，天为被，地为床，与大自然亲密无间。

兰兰：这……这绝对不行。我还是喜欢经营我的大阳台，喜欢什么样儿就塑造成什么样儿。呃，还真是的，原来我们所谓的喜欢自然都是假的，这是怎么回事？

凯叔：事实上，人类喜欢的是自己能够控制的自然，不受控制的自然是非常危险的。所以，人类的文明史就是一部逐步加强对自然控制的历史。

兰兰：这个观点有意思，那你们搞林业的是想控制森林喽？

凯叔：是的，但是完全控制做不到。现在最先进的理念是"近自然林业"，就是在培育森林时，遵循森林的生长发育规律，充分利用影响森林的各种自然力，不断优化森林经营过程，使森林的综合功能和效益最大化。简单地说就是人做一部分工作，自然做一部分工作，共同培育森林。

兰兰：啊，我明白了，人类是假装喜欢自然，其实是喜欢近自然。

凯叔：哈哈！兰兰机灵，反应够快的！

阿乔：快成"兰精灵"了吧！

兰兰：嘻嘻嘻！

　　"近自然林业"理论是德国林学家提出来的，而且，德国还曾无偿援助我国很多省市进行人工造林，"近自然林业"的理念就是通过这些造林项目在我国扩大影响的。

近自然林业

## 52. 森林是可以越采越多、越采越好的

阿乔：凯叔，有人砍树啦，我要举报！

凯叔：别着急，砍树不见得就是坏事情，这叫"近自然林业"，既能生产木材，又能保护森林。

阿乔：我想起来了，好像在书上见过类似"森林可持续经营"什么的，还说森林是可以越采越多、越采越好的。

凯叔：是的，"近自然林业"就是按照森林的发展、演替规律来经营、管理森林的，采伐的都是成熟林木。而且采用择伐方式，也就是成熟一株采伐一株，既利用了森林木材，又不会对森林产生不利影响，森林仍然保持其复层、异龄、混交的近似天然林状态。

阿乔：那么好的经营方式，为什么没有人用呢？我们农村前几年植树造林的积极性很高，也种了很多树，可是等树长大后就不让砍了，积极性就没了。

凯叔：的确有很多值得商榷的地方。保护森林是对的，但不能一说保护就不能砍。森林的抚育、间伐、利用是必要的，都需要砍树，对森林的健康成长和生态效益的发挥是有好处的。相反，密度太大，不及时进行抚育间伐的林子会提前衰退和老化。问题的关键是怎么砍、谁来砍。

阿乔：理论上是这样，但就是不让砍，您说怎么办？

凯叔：就当你们家坟地留着吧！

阿乔：看来也只好这样了，希望到我入土的时候情况会好点儿。

凯叔：哈哈，你才多大点儿岁数。其实，各级林业局都在想办法，对了，你也可以请你的导师给上级部门提一个建议，他可是政协委员呢！

阿乔：就是，我怎么把这个给忘了。我的导师提的建议每次都能落实。啊！这下有希望了，我们家坟地的森林会更健康、更漂亮了。

凯叔：坟地的林子就不要搞得太漂亮了，不然大家都争着早早地去坟地，不

就麻烦了。

阿乔：哈哈哈！

小贴士

森林的收获有择伐、渐伐、皆伐和矮林作业等方法。

森林可持续经营

## 53. 繁殖材料老化是一个严重问题

教授：凯叔，听说过树木繁殖材料老化吗？

凯叔：没有。只知道树木靠种子繁殖，种子由"父母"的两套染色体融合发育而成，应该是树木身体上最幼化的部分，怎么会有老化现象呢？

教授：您说得对，靠种子繁殖的树木，的确不存在繁殖材料老化的情况。问题主要出在无性繁殖材料上。

凯叔：那又怎样？

教授：用老化繁殖材料培育的苗木造林后，早衰、老化是必然结果，本该活几百年的树，三四十年甚至二三十年就衰老、枯顶、死亡了。

凯叔：这个问题有点儿严重，我国正在开展大规模国土绿化行动，每年造林面积很大，繁殖材料老化造成的损失肯定不小。就没有办法解决吗？

教授：技术上是完全可以解决的，可以建采穗圃。通过组织培养这一更先进的技术，也能使材料进一步幼化。

凯叔：这不就行了，问题解决了。

教授：问题之所以严重，是因为很多从业者并不了解这个问题。您看，这里有一张大树的图，以树干基部与根交接的地方为中心，向外围树枝和树根画几个同心圆，从年龄发育角度看，是最外圈的树枝最年轻，还是最内圈的树干基部与根交接的地方长出的枝条最年轻？

凯叔：当然是最外圈的树枝最年轻，因为那是当年长出来的。

教授：遗憾的是大部分人的看法都跟您一样，实际上最年轻的是树干基部萌发的枝条。现实中，很多苗圃就是从大树的外围树枝上采条、扦插、培育苗木的。你想想，全国有成千上万个苗圃，问题不就大了。

凯叔：还真是的。

教授：这下知道科普的重要性了吧。

凯叔：重要，太重要了！应该先培训领导。

教授：哈哈哈，培训领导，您可以啊！

凯叔：我是说，科普要从领导抓起。

教授：您也不想想，平常工作中是谁抓谁呢？

凯叔：哈哈哈！

### 小贴士

　　所谓无性繁殖就是用植物的根、茎、叶、芽等营养器官来繁殖培育小苗。什么是繁殖材料老化？比如，从一棵年龄为100年的树的树冠上采一个枝条扦插而培育出的苗木，它就继承这棵树的发育年龄，这株"小"苗在发育年龄上也是100年算起，也就说，它刚生下来就100岁啦！

林业科普很重要

## 54. "天涯何处无芳草"

阿乔：凯叔，背古诗词有什么用？

凯叔：用处可大了，不说别的，苏东坡一句"天涯何处无芳草"，就不知挽救了多少人的生命。

阿乔：可就是因为这句诗，我才下定决心和女朋友分手。

凯叔：哦，为什么？

阿乔：我总想着别处是不是还有更好的！

凯叔：哎呀，那是说给失恋的人听的，你和女朋友处得好好的背什么古诗嘛！

阿乔：那我现在怎么办？

凯叔：没事儿，"天涯何处无芳草"嘛！

阿乔：凯叔……

凯叔：刚才是开玩笑的，借此机会我跟你说说林业上是如何挑选种源的吧，也许你能从中悟出点有用的道理。

阿乔：太好了，谢谢凯叔！

凯叔：植树造林需要用种子，如果有当地种子，那是最好不过了。但经常是当地的种子不够或根本没有，需要到外地去调运，这就产生从什么地方调种的问题。同一个树种，一般分布面积会很大，比如油松的分布范围就从东北地区一直到川北地区。你要去调运种子，不同地区就是不同的种源，这么广大的地区，到底调哪儿的种子呢？

阿乔：哪儿交通方便、哪儿便宜，就去哪儿调运。

凯叔：要是调运百货，你的回答是正确的，但是调运造林用种不行。

阿乔：那怎么办？

凯叔：最科学的办法是进行种源试验，就是把各个种源的种子拿到需要造林的地方进行育苗和造林试验，就可以选出最适合当地的种源了。

阿乔：凯叔，这跟我找女朋友有什么关系？

凯叔：你就没有悟出点道理吗?

阿乔：没有啊!

凯叔：没有就对了，找女朋友嘛，本来就没有规律可言。

阿乔：那我现在怎么办?

凯叔：还是那句话。

阿乔："天涯何处无芳草"? 种源试验?

凯叔：哈哈哈，你终于要开窍了!

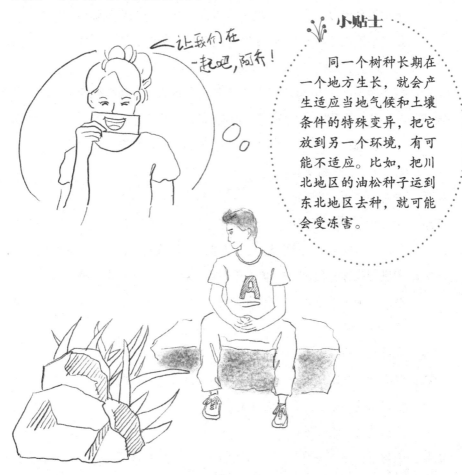

小贴士

同一个树种长期在一个地方生长，就会产生适应当地气候和土壤条件的特殊变异，把它放到另一个环境，有可能不适应。比如，把川北地区的油松种子运到东北地区去种，就可能会受冻害。

造林用种的选择

## 55. 等果实红了紫了就可以采收了

凯叔：阿乔，你不是要采集云杉种子吗？现在果都成熟了，再不采，等种子散落，你上哪儿采去。你倒好，一点儿都不急呀，够沉得住气的。

阿乔：我没什么可着急的，球果都有大红大紫的时候，我想等球果掉下来，在地上捡，再把种子取出来，那多省事儿。

凯叔：你也得看是什么树种，板栗、核桃、橡子等大粒种子，等它们掉到地上再捡是可以的。可云杉的种子细小，成熟时球果并不马上脱落，而是先果鳞裂开，附带"翅膀"的种子随风分散，能飞出去好几倍树高的距离。就像大米撒到林地里，你怎么捡。

阿乔：啊，糟了，糟了！我还真没考虑到这个问题，您也没提醒我一下。

凯叔：我哪儿知道你的心思呢，以为你知道球果由绿色变为红色、紫色、褐色等深颜色时，就是成熟的标志。没想到，你却是在思考人生，正在等你人生的大红大紫。

阿乔：没有的事儿，可不敢再等了。

凯叔：大红大紫是等不来的，云杉为了这一刻，在头三四十年进行营养生长，尽量使自己的干高冠大。等进入生殖阶段后，第一年的夏秋季节先进行花芽分化，第二年春天开花、传粉、坐果，直到秋天果实才成熟，几十年的努力，才有了今天的大红大紫。人生也一样！不过你也快大红大紫了。

阿乔：为什么，我的人生要"开挂"了？

凯叔：等温度突然降低，当你在低温环境中采种，脸被冻得通红、嘴唇被冻得发紫的时候，你就"大红大紫"了。

阿乔：这么个大红大紫呀！

凯叔：哈哈哈！

**小贴士**

云杉是松科云杉属的常绿大乔木，全世界有约 40 种，云杉属的球果成熟时呈黄色、黄褐色、淡褐色、栗褐色、褐色、黑褐色、红紫色、紫红色或紫黑色。

采种那点事儿

## 56. 苗圃也会"因材施教"吗

兰兰：为什么给树苗绑竹竿，想让树苗长直吗？

凯叔：是的。

兰兰：俗话不是说"树大自然直，人大自然长"，您这是不是多此一举啊！

凯叔：可俗话还说"玉不琢，不成器""人不学，不知义"。树大自然直，那要看这棵树生长的环境。种在森林里的小树苗，周围都有其他大树"做榜样"，它生长所需要的阳光只从上方来，因此就一个劲儿地向上生长，自然能够形成通直的树干。而种在稀疏林地的苗木，如果受到不利因素的影响，就可能长歪！人也同样如此，只有从小接受好的教育，长大之后才能成才。

兰兰：合着你们把种树和育人当成一回事儿了？

凯叔：那当然，树木树人，一个道理。你不是英语专业的吗？ nursery 这个单词既可解释为苗圃，又能理解为幼儿园。

兰兰：怪不得你们家孩子长得跟竹竿儿似的，又高又挺拔，原来是在"苗圃"长大的啊！

凯叔：哈哈哈！兰兰真幽默。

兰兰：除了绑竹竿，还有别的方法吗？

凯叔：方法有很多，修剪就是苗圃培养树苗的一个重要措施。我们要根据树种的不同特点，相应采取不同的修剪方法。

兰兰：哎呀！这不就是"因材施教"嘛！这么先进的教育理念居然在苗圃实现了。凯叔太厉害了！

凯叔：有什么厉害的，我们也就是遵循自然规律。树的本性是什么，我们就帮助它成为什么样就行了。我们的目标是培育各具特色的苗木。

兰兰：应该让搞教育的人来苗圃学习一下。

凯叔：得了吧，要是来学习后把孩子培养成竹竿儿似的，我可负不起那个责。

兰兰：哈哈哈！凯叔反应好快呀！

小贴士

　　对于主干明显的常绿针叶树，如雪松、云杉等树种，干性强，一般主干直立不分叉，因此必须保持主干向上生长的优势。若主干上出现分叉的竞争枝，就应选留一强枝为主干，另一个短截回缩，压制其长势，保证主干的优势，这样才能培养出主干通直的苗木。

苗木的整形修剪

## 57. 假植，该不会是假装栽树吧

兰兰：凯叔，我看见苗圃工人在一个大沟里栽树苗，种得好密呀，那能长好吗？

凯叔：那不是真正的栽树苗，而是假植。

兰兰：什么，假植，那是在做假，作秀？

凯叔：哈哈哈，兰兰，他们不是在做假。假植，是一种保护苗木的方法，就是用湿润的土壤把刚挖出的苗根埋上，防止根系因失水而丧失活力。而且，把苗木运到栽植地后，第一件事就是找一个背阴、背风的地方，将苗木假植起来。然后，栽多少取多少，这样苗木才不会失水。

兰兰：是这样子啊，还挺麻烦的。既然要保护，为什么只保护根，不保护枝叶呢，枝叶暴露在外不是更容易失水吗？

凯叔：因为枝叶平时就生长在露天环境中，已经进化出角质层、气孔、皮孔等器官来保护苗木，当水分缺乏时，气孔就会自动关闭，防止失水。但是，根系平时生长在土壤中，没有风吹日晒的问题，因此根系的细胞多为薄壁细胞，没有防止水分散失的功能，一旦将它挖出，放在露天环境中，很快就会失水而死亡。

兰兰：哇，树好聪明！

凯叔：那当然，树可不比人差。

兰兰：这话我信。

凯叔：作家三毛也说过："如果有来生，要做一棵树，站成永恒。"

兰兰：我知道这句话，我还跟阿乔说过的。我要有来生也要做一棵树，站成永恒。

凯叔：还有阿乔呢，他是不是也想做一棵树？

兰兰：阿乔就算了，他那么迷恋做"校草"，就让他做一棵草吧！

凯叔：哈哈哈！我看行。

我做一棵树，你做一棵草吧

小贴士

　　苗木保护的重点是根系，因为根系的细胞多为薄壁细胞，没有防止水分散失的功能，一旦将它挖出，放在露天环境中，很快会失水而死亡。

## 58. 有的林子熬不住了

阿乔：树为什么会长那么高、那么直？

凯叔：这个问题早就有人回答了，唐代许浑的答案是"林繁树势直"。

阿乔：不明白。

凯叔：科学地讲，是植物为了获取资源而激烈竞争的结果。通俗地说，是被逼的，阳光就那么多，大家都需要，长慢了、长歪了，自然没戏！只有奋力往上，就成了高大通直的参天大树。你再看孤树，独苗一个，要什么有什么，别指望它长高、长直。司马光就说过"孤树青青愁杀人"，章碣也说"独树对悲秋"。又是悲又是愁的，怎么长得直呢？

阿乔：您的意思是，为了让树木长直长高，可以栽密点。

凯叔：一开始栽密一些是可以的，这样可以加快树林的树冠郁闭，较早地形成森林环境，但等树长大，树冠间互相交叉时，就应该进行间伐，伐除一些树，降低密度，减少树与树之间对阳光、营养和生长空间的竞争。不然，林子过密，树木之间竞争加剧，所有的树都长不好，会提前衰老，甚至死亡。

阿乔：就是，我见到好多人工林，非常密，树的高度都差不多，但都很细，健康状况不太好。为什么不及时间伐呢？

凯叔：间伐需要大量的劳力投入，当初造林的时候，想着间伐下来的木材可以出售，用这部分钱可以支付用于间伐的费用，可现在根本没有人要这些间伐下来的小径材。人工林间伐的费用就没地方出了。

阿乔：这个问题大了，不能眼睁睁看着辛辛苦苦造起来的森林毁掉，我得去找人。

凯叔：找谁？

阿乔：不知道。不过我好像听人说过"只要是用钱能办到的，都不是事儿"。

凯叔：好啊，你见着说"不是事儿"的，跟他说我也要找他。

阿乔：哈哈哈，凯叔，咱们一起努力！

**小贴士**

几十年来，国家投入千万亿元资金进行人工造林，当时希望早早成林，所以造林密度都比较大，可现在成林了，很多林子由于没有及时疏伐，已经开始老化衰退了，很可惜呀！

这片林子该间伐了

## 59. 树就是棒，落不落叶都有道理

凯叔：我喜欢北方的森林。

阿乔：为什么？

凯叔：因为她很时尚，她的时装色彩随季节变换，引领流行色。

阿乔：但是，到了冬天就惨了，灰头土脸，没法儿看。

凯叔：冬天就不要看颜色了，树木已经休眠，应该欣赏的是冬态，是睡姿。树木的睡姿如睡美人般千姿百态，任何一株树的冬态都比人张着嘴打呼噜的睡姿好看很多。

阿乔：哈哈哈，树木为什么会落叶呢？

凯叔：这个问题太简单了，是树木为了适应冬天的寒冷而采取的适应性策略。落叶就是减少树木的生命活动，通过降低含水量，使体内的碳水化合物转化成淀粉、蛋白质、脂肪等各种贮藏物质。这样，树木进入休眠状态，抗寒性就会大大增强。所以，你看热带地区，冬天也不冷，树木就不落叶，是常绿的。

阿乔：但是，北方也有常绿树呀！

凯叔：没错，北方的确也有常绿树种，但那是针叶树，落叶的是阔叶树。针叶树和阔叶树的抗寒策略不同，它是通过把叶子长成像针一样细，减少叶片面积，减少蒸发水分的。而且针叶上的气孔深陷，水分蒸腾速率很低，远低于阔叶树。还有，针叶气孔敏感性较强，水分利用效率较高，遇到过冷或过热的情况时，气孔就会马上关闭。这些都是针叶树耐寒的原因。

阿乔：树够可以的，落不落叶都有道理。

凯叔：那是，对待不利条件，都是"八仙过海，各显神通"，人不也一样嘛！

阿乔：不一样，人到冬天可都要穿厚棉衣的。

凯叔：不一定，我见有人穿着单衣就过冬了。

阿乔：那是人家在单衣里面还穿着保暖绒衣，又暖和、又显身材。

凯叔：是吗？我还以为是基因突变，出现新人种了呢！

阿乔：哈哈哈！

**小贴士**

　　树木进入休眠状态，抗寒性就会大大增强。

树为什么要落叶

## 60. 垂直绿化，跟吹捧没关系

阿乔：一棵藤子就能长这么大片的绿地，干脆别种树了，种藤子多好！

凯叔：藤本植物好是好，但要靠在墙上才能站起来。

阿乔：搭架子不也能营造出十分优雅的阴凉环境嘛。

凯叔：当然可以，但是你能在所有地方都搭架子吗？其实，每种植物都有自己的特点，不是说这种好，就全种这种，那种好，就全种那种，而是应该根据植物各自的特点，在不同的地方种植不同的植物。藤本植物的特点是适合发展垂直绿化。

阿乔：什么是垂直绿化？

凯叔：垂直绿化就是在垂直基面上，如墙壁、阳台、窗台、屋顶、棚架等处，栽种攀缘植物。

阿乔：什么是攀缘植物？

凯叔：攀缘植物，是指能缠绕或依靠附属器官攀附他物向上生长的植物。比如，有生产瓜果的猕猴桃、蛇瓜等，蔽日遮阴的金银花等，美化环境的蔷薇、紫藤、凌霄等，改善环境的爬山虎、常春藤、薜荔等。

阿乔：什么是薜荔？

凯叔：薜荔是攀缘或匍匐灌木。好嘛！你利用"垂直绿化"这个词进行了垂直提问，能打破砂锅问到底，看来你适合当记者。

阿乔：凯叔够棒的，竟然没有问倒您，您适合当教授啊！

兰兰：哈哈，你俩躲着我在这儿进行商业互吹呀！

凯叔：嘻嘻嘻，生活不易，我们俩只好互相吹捧，自娱自乐啦！

阿乔：就是，互相吹捧欢乐多啊！

兰兰：吹吧，没事儿，只要别把树吹倒就行。

凯叔、阿乔：哈哈哈！我们的互吹等级超过飓风了！

**小贴士**

垂直绿化是在垂直基面上栽种攀缘植物。

只要别把树吹倒就行

## 61. 流动的绿色最养心

教授：人们都知道养心很重要，古诗中就有很多关于养心的方法。比如，陈深说"养心贵和平"，王炎说"虚静能养心"，姚辟说"养心即自然"。这些方法听起来有点儿摸不着头脑，不知如何下手。于是我去了北海公园的养心斋一趟，发现了养心的秘密。

凯叔：是什么？

教授：流动的绿色最养心。

凯叔：为什么？

教授：因为绿色本身有安神的作用，再让绿色植物如流水般缓缓流动，就能平衡人体的整体能量，舒缓紧张情绪，激发活力。

凯叔：您说的这是外界环境，是外因，只起辅助作用。

教授：的确，古人所说的养心贵和平、虚静、自然等，实际是说内心的状态，是内因，起主导作用，把它和流动的绿色这一外在环境结合起来，就是一套完整的养心方法。

凯叔：那您还不搬森林里去住，那里有各种各样的绿色，不是有人提"森林康养"吗？说森林里有一种对人体健康极为有利的物质——负氧离子，而且浓度很高，加上空气清新、环境优美，对人体健康具有十分有效的保健作用，具有养身、养心、养性、养智、养德等五种功效。

教授：搬入森林固然很好，但是城市离森林那么远，有多少人能做到？现在的理念是让森林走进城市，林业大学还专门成立了城市林业专业，目标就是营建城市森林，您在家门口就能见到流动的绿色。

凯叔：那太好了！坐在家里就可以进行森林康养，而且不光养心，连肺也一起养了。

教授：看把您美的，为什么要心和肺一起养呢？

凯叔：防止别人说我"没心没肺"呀！

教授：哈哈哈！

**小贴士**

森林康养具有养身、养心、养性、养智、养德等五种功效，对人体健康有很好的保健作用。

森林康养好处多

## 62. 连古树都想红，让人如何淡定

兰兰：这是一个连古树都想红的时代，让人如何淡定？

凯叔：得了吧，那是你想红。在古树上放几个圣女果，拍几张照片发网上，就想成为网红。告诉你，没门儿。

兰兰：那怎么办？

凯叔：学学古树吧。首先，古树是一天天、一年年地熬，才熬出来的。根据古树的评价标准，要想成为古树，至少得熬 100 年以上。但是，这也只是刚刚进入古树行列，仅为二级古树，标识是绿牌。如果达到 300 年以上，就能成为一级古树，标识就是红牌了。

兰兰：一级古树就算红了吧？

凯叔：不算，达到一级古树标准的树很多。

兰兰：那得多少年才能红呢？

凯叔：怎么也得上千年！

兰兰：我的天呀！

凯叔：比如这棵活了 3238 年的巨柏，那才叫红嘞！"粉丝"无数。

兰兰：我明白了，您的意思是越老越红。

凯叔：还是没明白，我是说，人生不能以追求出名为目的，因为出名带有偶然性。把偶然性作为目标，生活就缺乏确定性，就是在假装生活。这样即便靠着小聪明红上一会儿，也只是如流星划过，闪耀一时。相反，认真做事，踏实做人，求得内心的平安和幸福，才能在浮躁的时代淡定地生活。最终，越老越红，那都是水到渠成的事情。

兰兰：这太传统了，现在年轻人可等不及，只要能出名，什么都可以做。

凯叔：那你准备采取哪种活法呢？

兰兰：我已经接受传统活法了，活到 100 岁是我的目标。

凯叔：好啊！到时候欢迎你加入古树行列。

兰兰：哈哈哈！那我就成为"二级古树"了。

**小贴士**

森林具有很高的历史、文物、生态、科学和观赏价值，是国家的宝贵财富。

**活到100岁就加入"二级古树"行列了**

## 63. 如果世间有仙境般的美景，那一定是在林场

兰兰：阿乔，你知道，人们经常用人间仙境来形容美丽的景色。要不咱们去问问，这附近哪儿有这样的景，咱们去看看。

阿乔：好呀！走，问凯叔去。

阿乔：凯叔，请问人间仙境怎么走？

凯叔：顺着绿色往前走就到了。

阿乔：那不就是林场吗？

凯叔：没错！如果这世间有仙境，那一定是林场的模样。

阿乔：兰兰，林场，我们还去吗？

兰兰：去呀，不上仙境，你要下凡啊！

凯叔：哈哈哈！

阿乔：凯叔，仙境为什么是林场的模样？

凯叔：你不知道文天祥那句名言"青山是我安魂处"吗？你想想，青山就是他的魂所待的地方，自然青山就是仙境。而在我国青山保护得最好的地方就是林场。

兰兰：林场具体是干什么的？

凯叔：林场是林业的最基层单位，主要从事森林培育、森林管护和森林经营工作。塞罕坝林场就是一个突出典型，它用半个多世纪的时间，经过几代人的努力，在荒漠沙地上艰苦奋斗，创造了荒原变林海的人间奇迹。获得了联合国环境规划署颁发的"地球卫士奖"。

兰兰：啊，我去过塞罕坝林场，太美了，夏天是无边林海的翠绿，秋天是震撼心灵的金黄。

阿乔：你觉得那是仙境的模样吗？

兰兰：我不知道仙境什么样，但如果要给我的灵魂找一个安放的地方，我就选塞罕坝林场。

阿乔：好嘛，你们都找好地方，那差的地方给谁？

兰兰：给鬼呗！

凯叔：哈哈哈！跟兰兰在一起，我能多活几年。

小贴士

从 1949 年新中国成立以来，我国建立的几千个林场为培育森林、保护青山做出了巨大贡献。

百年以后还想找我，就到林场来吧

## 64. 境由心造，绿色幽默养心

教授：这个老屋有意思，花从窗户里往外长。

凯叔：就是，老屋不朽花照开，整个儿一个励志屋啊。

教授：其实，老人也应该这样，只要保持精神健康，不颓不废，就能够欢乐常在。

凯叔：主要看环境，人的心情是受环境影响的，如果有绿色相伴，环境优美，就可以天天笑。

教授：您说的是自然环境，还有更重要的一方面——人文环境，这对人的情绪影响更大。要是有一个人在你身边，整天唠叨，这不满意、那不顺心，不断向您释放负能量，您的心情能好吗？

凯叔：没错，绝对好不了。您还别说，我最近真就遇到这样一个人，每次见面，她就说她家那些陈谷子烂芝麻的事儿，左一遍、右一遍的，我都能背下来了。可抬头不见低头见的，根本躲避不开，您说怎么办？

教授：您要是没有自己的主见，由着她说，那您就成了负能量的接收器，心情被她控制。相反，您的正能量强大，把她的行为看作演戏，您就能跳出她的负能量影响范围，不会受她的控制。如果您还时不时提醒她，说她哪儿说错了，都听好几遍了，她也应该知趣，住嘴了。然后您再用风趣幽默的话感染她，就能营造出欢乐舒心的环境。长此以往，幽默到百年是可以的。

凯叔：只能试试，您以为幽默那么容易呀？

教授：当然不容易，但笑口常开还是可以的。

凯叔：那更不容易。要是毫无由头地笑，问题就严重了。

教授：怎么了？

凯叔：那是傻笑，会让人浑身起鸡皮疙瘩的！

教授：呵呵呵！

**小贴士**

植物对人类有调节情绪、减少心里压力、消除疲劳等作用。

绿色幽默不容易

## 65. 绿色是生命的象征

教授：您看，这棵树是不是像一把绿伞，呵护着树下的生命？

凯叔：没错，树叶、树干，甚至树下的土壤中，都存在着大量的昆虫和微生物，一棵树就是一个生态系统。树在，这个系统就生机勃勃；树没了，这个系统就崩溃了。

教授：是的，千千万万棵树，就构成了生命赖以生存的生态系统，这个系统为生物多样性提供了保障，也为人类的生存提供了可能。

凯叔：还有，绿色还能慰藉人的心灵，没有绿色的地方，要么没人居住，要么人的心灵是扭曲的。

教授：总之，绿色全是优点，您能想象出一个关于绿色的缺点吗？

凯叔：什么事儿都不是绝对的，您还别说，还真有一个。

教授：哪个？

凯叔：绿色千般好，只是别做帽，会惹麻烦的。

教授：这个不能算，这是一个文化问题。因为在古代，绿色的地位并不高，甚至是低贱的。绿色是由黄色和蓝色组成的，是间色，古人贵正色而贱间色，正色有红黄蓝白黑五色，正色的地位很高。"绿"常与低贱相关联。到了元代，明文规定凡娼妓之家，其家长和亲属男子均要戴绿头巾，俗称"戴绿帽子"。后来演化成专指配偶有出轨行为。

凯叔：同意您的说法，时代变了，我们不能固守老观念，应该与时俱进。绿色都成了生命的颜色，珍贵的象征，用它做帽子颜色应该显得高贵才是。

教授：好呀，别光说不练，要不咱俩今天就戴上绿帽子回家试试？

凯叔：别，您自己戴吧，我对绿色有点儿过敏。

教授：我只听说过有人对花粉过敏，从没听说过有人对绿色过敏的，您可别冤枉绿色，怕是对某人的绿脸过敏吧。

凯叔：绿脸咱不怕，只要不是红脸、黑脸或白脸就行啊！

教授：好家伙，这是变脸大师啊！

凯叔：哈哈哈！

**小贴士**

森林是生态系统，是复杂的生物、物理和化学的系统，其结构、物种组成、生产力随时间不断发生变化。

人不可能对绿色过敏

## 66. 俺只服眼镜蛇瓶子草

凯叔：只听说过会吃草的昆虫和动物，可您听说过会吃昆虫的草吗？

教授：这没什么稀奇的，猪笼草就可以捕食昆虫。

凯叔：猪笼草不算啥，还有一种更厉害的。

教授：是什么？

凯叔：眼镜蛇瓶子草，那才是绝了。

教授：这我知道，我还拍过它的照片呢。眼镜蛇瓶子草是多年生草本植物，因酷似眼镜蛇而得名，主要分布在美国的加利福尼亚州北部与俄勒冈州，是非常著名的食虫植物。它鱼尾状附属物背侧会分泌大量糖蜜，并散发出强烈的气味，吸引黄蜂、苍蝇等昆虫顺着气味爬进捕虫瓶，瓶内透光的斑纹又会迷惑昆虫，使其以为斑纹是出口而被困住的。捕虫瓶顶部为蜡质，中下部有向下的毛，昆虫会逐渐落入捕虫瓶底部而被消化液消化，分解出来的营养物被眼镜蛇瓶子草吸收利用。

凯叔：不愧是教授，说得那么清楚，俺只服它。

教授：说具体点儿，您服它什么？

凯叔：论自保，长得跟眼镜蛇似的，谁敢惹；论猎食，弯脖处有瓶子一样的陷阱，绒毛向下长，虫子掉进去就别想逃出来！真叫绝，真是聪明，俺就服它。

教授：那要是食草动物来了呢？

凯叔：俺只服食草动物。

教授：那要是食肉动物来了呢？

凯叔：俺只服食肉动物。

教授：那要是老婆来了呢？

凯叔：俺只服老……哇，教授挖的坑太深了，我差点儿掉进去。

教授：哈哈哈！这叫"一物降一物"，生态学把这叫食物链，有了这个规律，生态系统才能和谐地运行。

小贴士

食物链维持了生态系统的和谐运行。

捕食昆虫的草

# 下篇  发现植物也幽默

　　从长白山回来后，乔海波和石兰兰也学会了和树木进行交流。石教授常带着乔海波在北京的街道和公园里做树木调查，石兰兰也兴趣浓厚，常常参加。

## 67. 绿叶一宿全落尽，气候变化惹的祸

阿乔：白杨，你着什么急嘛，一夜之间就把叶子全落光了，还是绿的呢！

白杨：不是我想落呀，是气象部门把气温调得那么低，我怎么忍得住嘛！

阿乔：跟气象部门没有关系，它们只是负责预报和预警的，这么剧烈的天气
变化都是全球气候变暖造成的。

白杨：瞎说，气候变暖是温度升高，可是我们提前落叶是由温度降低造成的。

阿乔：看来还真得给你从头解释。气候变暖是指大气层的温度升高，也就是
能量增加，结果就是大气活跃程度增强，气候不确定性更大了，有时
高温会更高，有时低温也会更低，极端天气会频繁出现。

白杨：也就是说，将来有可能某年夏天突然来一场暴雪，把我们冷死；冬天
也可能出现异常天气，催我们发芽，等我们刚发芽，紧接着又来一场
寒流，把我们冻死。

阿乔：的确是存在这种可能，但也别总是这么悲观，说点正能量的话好不好。

白杨：那就在"桑拿天"被闷热死，在热天被烤死，在干燥的天气起火被烧死。

阿乔：别老说极端天气，那毕竟不是常态，其实，什么事儿都没有最好。

白杨：那就安乐死！

阿乔：你跟死干上了是吧，你就不会说点儿别的。

白杨：好吧，等你死的时候再说吧！

阿乔：你没完了，难怪古诗里会说你们"白杨多悲风，萧萧愁杀人"，你说，
你们到底杀了多少人？

白杨：你语文没学好是不是，杀人的是"愁"，跟我们白杨一点儿关系都没
有，倒是我们心生怜悯，替古人悲伤，所以才有"白杨多悲风"之说。

阿乔：不好意思，错怪你了！

白杨：没事儿，我也乱说了，你的语文挺好的，能背出这两句古诗的也不是
一般人。

阿乔：没错，我是"二般"的。

白杨：哈哈哈，你是几般的我不管，反正不是"一般"的都很厉害！

小贴士

一般入秋后，树要把叶子里面的营养先转移到树干，然后变黄，最后再脱落。

都是气候变暖惹的祸！

"白杨多悲风"

## 68. 火炬树的生态入侵

教　授：你好红啊，感觉跟火似的！

火炬树：你真有眼光！我就叫火炬树。

教　授：火炬树，我想起来了，你是从国外引种来的吧，当时主要用于荒山绿化，还做盐碱荒地风景林树种。

火炬树：是的，我可是正经的"老外"，怎么了？

教　授：怎么了，你有生态入侵的倾向哦！

火炬树：什么入侵啊，我是你们请来的，而且我原来在老家时，根本就没有入侵过谁。

教　授：那是因为你在老家的时候，是和当地的物种一起进化的，有天敌控制你，你不可能疯长，这就是生态系统的相生相克原理。但是，你被引种到一个全新的生态系统后，这种相生相克机制被解除，你有可能就没有天敌，就会不受控制地生长。

火炬树：你们把我送回去吧，我还不想待在这儿呢！

教　授：中国有句话，叫"请神容易，送神难"啊！现在从东北南部、华北，到西北北部等的一大片地区，快半个中国都有你，送不走了，只能对你们进行严格控制喽！

火炬树：怎么控制都行，只要不说我是"入侵"就可以，我是被请来的。

教　授：这是引种不当造成的。应该承担责任的第一是引种人，第二是你火炬树。

火炬树：怎么着，要"坐牢"吗？

教　授：当然，不过就是没有那么大的"牢房"啊！

火炬树：嘻嘻嘻！下不为例，引以为鉴吧。

入啥侵啊，人家请我来的！

火炬树，你要生态入侵吗？

**小贴士**

生态入侵，是指由于人为活动或其他原因将外来物种引入新的生态环境区域后，外来物种依靠自身强大的生存竞争力，占领一切能生长的空间，排挤乡土物种，造成当地生物多样性的丧失或被削弱的现象。

火炬树要"坐牢"了

## 69. 当心，植物也有"野心"啊

阿乔：植物同人一样，也有"野心"，你信吗？

兰兰：不信！

阿乔：看看，都能爬六层楼那么高，不算有"野心"吗？

兰兰：哇，爬那么高，我不明白，水分是怎么输送上去的？

阿乔：高层建筑的自来水是通过给水施加压力才把水压上楼的。植物体内的水分传输也是如此，这个压力科学家用水势来表示。

兰兰：好神奇啊！可这是自然规律，跟有没有"野心"没关系。

阿乔：我们家的房子还被它全占了呢？

兰兰：啊！这"野心"够大的，你们家几口人，被霸占之后移居何处了？

阿乔：哈哈，还没有那么惨啦！

兰兰：开玩笑。其实，树木或者其他植物是需要修剪管理的，估计是你们家人懒，房子才被植物占领了。你看唐代诗人杜甫就亲自修剪管理自家的树木。

阿乔：是吗，他一个诗人还会修剪树木？

兰兰：对呀，他还将修剪树木的经历写成了一首诗，名为"恶树"："独绕虚斋径，常持小斧柯。幽阴成颇杂，恶木剪还多。枸杞因吾有，鸡栖奈汝何。方知不材者，生长漫婆娑"。

阿乔：干家务活都能写出好诗，难怪杜甫能成为"诗圣"。

兰兰：这你就不懂了，我认为就是因为坚持干家务活，热爱生活，才能写出有生活气息的好诗，成就了他"诗圣"的地位。而你整天什么家务活也不干，就想着写诗、当诗人，眼巴巴地盼着一夜成名，结果好不容易憋出一句"植物有野心"，还泄露了你是懒汉这个秘密。

阿乔：嘿嘿嘿！实话告诉你，那句话不是我的原创，是我从报纸上学来的。

兰兰：哦，要这么说嘛，你还是个诚实好学的好青年。小鬼，好好学习，多做家务，世界是属于你们的啦！

阿乔：呵，就这么一会儿，我变"后浪"，你成"前浪"啦！

兰兰：哈哈哈，那你可别跟"洪湖"学啊！

阿乔：为什么？

兰兰：洪湖水，浪打浪啊！

阿乔：哈哈哈！

**小贴士**

　　水分移动的规律是从水势高的地方向水势低的地方移动。一般土壤中根系周围的水势高，叶子的水势低，在压力的作用下，水在植物体内沿着根毛→根皮层→内皮层→根木质部导管→茎木质部导管→叶脉导管→叶肉细胞→气孔或角质层，直到向大气散失。就这样，水就被压上树去了，最高可以达100多米。

树里的水是怎么爬高的

## 70. 树的适应性策略

阿　　乔：你看，不同植物春天发芽的早晚差异挺大的。性子急的，早早就开花结果了。不急不慢的，按部就班地萌芽、发叶、抽梢，忙而不乱。性子慢的，还在蒙头大睡呢！

兰　　兰：是的，瞧，这棵树连个芽都还没有，别的早都开花了。

没发芽的树：这叫生物多样性，懂吗？专家都说了，这是求之不得的事情。

阿　　乔：呵，还挺横，你倒是说说，生物多样性到底有什么用？

没发芽的树：生物多样性有利于保持森林生态系统的稳定。

兰　　兰：那你睡懒觉也有用？

没发芽的树：这不叫睡懒觉，这是一种适应性策略。发芽晚，就可以避开可能出现的晚霜，就是倒春寒，保护树木不受冻害。

阿　　乔：还挺有心眼儿，照这么说，那开花早的，是不是有点儿傻啊？

没发芽的树：没有傻的，各家有各家的高招。

阿　　乔：我倒要看看它们都有些什么策略。

没发芽的树：看完了告诉我一下，我也借鉴借鉴。

兰　　兰：你的策略不是挺好的嘛，还借鉴什么。

没发芽的树：你不知道，现在气候变化那么大，要不及时调整适应性策略，早晚要被淘汰。而生物多样性丰富，各种各样的适应性策略都有，才能确保生物整体能够躲过各种不测。

阿　　乔：求生欲很强嘛，我们看完会来告诉你的，你继续睡吧。

没发芽的树：不能再睡了，再睡就睡傻了。

兰　　兰：睡傻也没关系的，傻人有傻福啊！苏东坡就希望自己的孩子傻一点，他说"但愿孩儿愚与鲁，无灾无虑到公卿"。

没发芽的树、阿乔：这也是适应性策略。

兰　　兰：哈哈，看来谁都不傻啊！

🌱 **小贴士**

以前我们国家种了好多树，可大部分是一个树种的纯林，生境单一，生物多样性欠缺，当发生虫害时，根本控制不住，好多林子都被毁了。如果生物多样性丰富，当发生虫害时，就会被另一种生物（如鸟儿）给吃了，虫子就会被控制在一个比较少的数量，林子也就保住了。

生物多样性的好处

## 71. 中国人为什么喜欢竹子

兰兰：爸，苏东坡说"宁可食无肉，不可居无竹"，似乎说得有点儿过了吧！

教授：一点都不过，你知道为什么在中国从平民百姓到皇帝都爱竹子吗？

阿乔：为什么呀？

教授：中国人将竹与梅、兰、菊并称为"四君子"，是因为竹子的气质与君子相近。竹子虽身居"茅舍小桥流水边"的低位，但"安居落户自怡然"。逆境中，它"风摧体歪根犹正，雪压腰枝志更坚"；顺境里，它"身负盛名常守节，胸怀虚谷暗浮烟"。一身浩然正气，完全符合孟子提出的成为男子汉大丈夫的三大标准——"富贵不能淫，贫贱不能移，威武不能屈"，一点都不差。

兰兰：难怪苏东坡会那么喜欢竹子，原来这就是他的做人准则啊！

教授：而且中国是世界上研究、培育和利用竹子最早的国家。7000 年前的河姆渡遗址内就发现了竹子的实物，距今约 6000 年的仰韶文化遗址中出土的陶器上可辨认出"竹"字符号。

兰兰：哇，竹子好伟大耶！要不咱们别吃竹笋了，都保护起来吧！

教授：只要你能忍得住。

兰兰：啊！竹笋炒肉、竹笋炖肉，好鲜、好香啊！还真有点儿忍不住。

教授：其实，并不是吃笋就必然会破坏竹林，现在的竹子都是人工培育的，只要培育措施得当，竹笋就会越采越多，竹林也会越采越好。而且，竹子已经形成了一个大产业，吃笋用竹的人多了，用于生产、开发、保护竹子的经费就更多，有更多的人靠竹子就业，方方面面的人都获益。

阿乔：啊，我们吃出了一个大产业，而且还是生态产业。

教授：那是，为了人民的幸福，你们得使劲吃才行。

兰兰：熊猫该不干了！

教授、阿乔：哈哈哈！

**小贴士**

从战国到魏晋长达 800 年的岁月里，人们都是用"竹简"写字、刻字、著书立说。中国最早的历史文献《竹书纪年》以及《尚书》《礼记》《论语》等经典，都写在竹简上。竹子为中华文化的发展及历史文献的传承立下了汗马功劳。

不可居无竹

## 72. 小蘑菇的生命哲学

兰　兰：小蘑菇，站好些日子啦，来，坐下歇歇。

小蘑菇：怎么着，想害我吗？

兰　兰：哪儿的话，我是看你都快撑不住了，关心关心你。

小蘑菇：谢谢你！可是我们不会坐，要么站着，要么倒下。我娘跟我说过"生命，撑着就有戏，倒下便成泥"！

兰　兰：你娘一定是学哲学的。

小蘑菇：不，她是学表演的。

兰　兰：哇！

小蘑菇：跟你开玩笑的，其实我娘是学分解的。

兰　兰：没听说过。

小蘑菇：孤陋寡闻。在生态学中，所有生物都可以归结为生产者、消费者和分解者三类。一般认为，植物是生产者，动物是消费者，微生物和真菌是分解者。我们真菌就是分解者之一，是连接生物群落和无机环境的桥梁，没有我们，生态系统是不能正常运转的。

兰　兰：真菌还真是挺重要的。那你们是如何分解有机体的呢？

小蘑菇：真菌的生长方式类似植物，营养摄取方式则类似动物，主要通过分泌一些物质将有机物分解成植物可以吸收利用的简单物质，真菌吸收其中一部分用于自己的生长，但真菌的生命周期很短，死后入土很快就分解了，从而加快了物质的循环。

兰　兰：难怪你娘会对你说"撑着就有戏，倒下便成泥"！我们也一样，要不是硬撑着，什么也不是，你们倒下成泥还是好的，还可以成为大地的一部分。我们死了被推入火化炉一烧，随着一股青烟，瞬间消失得无影无踪。畅想未来，是不是有点儿可悲啊！

小蘑菇：你怎么不说，那股青烟直上云霄，你成了宇宙的一部分呢！你们不

　　　是要冲出亚洲，走向世界吗？这回更好，一下子就冲出地球，走向

　　　宇宙了！

兰　兰：哈哈哈，小蘑菇，你才应该学哲学。

**小贴士**

　　分解者可以将生态系统中的各种无生命的复杂有机质（尸体、粪便等）分解成水、二氧化碳、铵盐等可以被生产者重新利用的物质，完成物质的循环。

蘑菇对森林的贡献

## 73. 树可以算命吗

教授：树木可以预测未来，你们知道吗？

兰兰：是吗？预测一下我的未来吧。

阿乔：怎么测呢？

教授：通过回答问题来测，比如，树为什么要长这么高大，谁能回答？

阿乔：是因为树想统治整个世界，因此拼命长高，于是形成高大的森林，占领了地球的大部分陆地。

教授：有气魄，你将来可以做政治家。

兰兰：不对，是因为树不想和草玩，可又没有办法躲开，于是就拼命长高，后来就不用担心草来找麻烦了。

教授：很有想象力，你将来可以做文学家。

兰兰：这个预测准吗？

教授：其实预测准不准，关键看你们能否接受我的心理暗示。如果接受了我的心理暗示，就会拼命向各自的方向努力，就有可能真的成为自己想成的人。这里的关键是树，是它启发了你们的想象，说出了你们心里潜在的愿望，根据潜意识愿望制定符合自身本性的奋斗目标，才最有可能成功。

阿乔：启迪想象，预测未来！老师发现了树木的一个新功能。太好了，可以成立一个树木多功能研究所，首先研发预测未来这一功能。

兰兰：好呀，不过在对外宣传时，你可得掌握好分寸，可别在路边戴个墨镜摆个摊，不然人家会把你们当成算命研究所的。

教授：哈哈，我成算命先生啦！别担心，预测在科学上不是什么大惊小怪的事情，各个领域都在研究自己的预测方法。我们学校就有老师通过建立树木生长模型，预测几十年以后树木的生长情况，为森林培育的科学决策提供技术支撑。

兰兰：太好了，拿来预测人呗，不是说"树木树人"一个道理吗！

阿乔：文科生就是厉害，什么都敢想！

兰兰：哪有理科生厉害呢，什么都敢干，连算命研究所都敢建。

教授：哈哈哈！你们两个在一起就是敢想敢干啊！

小贴士

树木生长模型是描述树木生长过程的数学模型，一般根据树木体积和生长年龄之间所具有的 S 形关系而建立。

树木生长可以预测

## 74. 树根从"地下网"拼到了"地上网"

兰兰：树根，你好像应该待在土里，怎么露在外面呢？

树根：还问我，你们把土踩得那么紧实，氧气都进不来，我还不能出来透口气啊！往后你跟大伙儿多宣传宣传，我们树根也需要呼吸，别把树干周围的土踩实，没有氧气，我们会憋死的。

兰兰：我也是头回听说树根也要呼吸，那真委屈你们了。

树根：尤其可气的是，有的人还直接在根上面铺砖或铺水泥，一点透气的空间都不给我们留，这是要"谋杀"我们啊，好狠心啊！

兰兰：我这就写文章好好说说这事儿。

树根：你的文章别光登在报纸上，一定要放在网上，看的人会多一些。

兰兰：闹了半天，你也想蹭网红起来啊！

树根：谁稀罕你们的网，我们树根也有自己的网。

兰兰：在哪儿呢？

树根：两个不同植物的根系通过菌根连起来，比如杨树和刺槐的根系，通过菌根连起来后，刺槐向杨树提供氮，而杨树给刺槐输送磷，两种树各得其所，都能很好生长。当所有植物的根系都被菌根连接起来时，森林下面不就是一个互通有无的大网吗。

兰兰：真的是啊！

树根：同时，森林下、土壤里也是一个巨大的世界，有无数生物生活在里面，所以我们也需要呼吸啊。

兰兰：明白了，我一定要让你成为"网红"，当你红了，更多的人就会了解森林土壤里的世界，保护土壤、保护根系的人就更多了。

树根：要这么说，我就红一下吧。

兰兰：还挺勉强，告诉你，现在想成为"网红"的人可拼了。

树根：我都从"地下网"拼到了"地上网"，难道还不算拼吗？世界上有几个人能够做到？

兰兰：哈哈哈！你应该算是"网际红人"啦！

小贴士

　　菌根是土壤中一些真菌寄生在植物的根上面，与植物根系形成的共同体。它一方面从树根中吸收糖类等有机物质作为自己的营养，另一方面又从土壤中吸收养分、水分供给树木。菌根和树木是相互依存、互惠互利的。

**林下的土壤里也很热闹**

## 75. "蓟门烟树"其实无烟

兰兰：老北京的"燕京八景"中有一景叫"蓟门烟树"，是说有会冒烟的树吗？

教授：不，树冒烟就要着火了。其实是黄栌开花后留下不孕花的花梗，呈羽毛状在枝头形成似云似雾的景观，有淡紫、淡黄、粉红等各种颜色，被太阳一照，远远望去就像冒烟。

兰兰：原来如此。幸亏没人报警，不然消防队员会拿水枪喷的。

教授：水喷也没事儿，就当给树浇水了，没准儿秋天树叶还更红呢。

兰兰：黄栌叶子也会变红吗？

教授：那当然，香山红叶全靠黄栌了！

兰兰：是这么回事啊，我还以为只有枫叶才能红呢。

教授：黄栌是落叶小乔木，树冠呈圆形，高可达 3～5 米。耐寒，耐干旱瘠薄和碱性土壤，不耐水湿，宜植于土层深厚、肥沃而排水良好的砂质壤土中。它生长快，根系发达，萌蘖性强，对二氧化硫有较强抗性。春夏之交形成烟树奇观；秋季造就满山红叶。

阿乔：黄栌不仅能有红叶，还有紫叶的呢。

教授：没错，还有紫叶黄栌，是人工选育的新品种，林业工作者在生产过程中，发现有一株变异的黄栌，叶色为紫色，随后采取尢性繁殖方式就培育出整个生长季的叶色都为紫色的黄栌。

兰兰：太好了，要是在北京东边的山上种一大片紫叶黄栌，不就可以创造出一个新的"燕京一景"吗？

阿乔：什么景？

兰兰：紫气东来呗！

阿乔：照你这么说，在香山顶上种一片紫叶黄栌，等到秋天普通黄栌叶色最红的时候，又可以创造一个新的景观。

兰兰：什么呢？

阿乔：红得发紫嘛，还能是什么！

兰兰：哈，这是景观进化，"烟树"改"紫树"了。

教授：哈哈哈！

小贴士

　　形成香山红叶的树种主要是黄栌。

"烟树"改"紫树"

## 76. 七叶树，很特别的冬态

教　授：七叶树，冬天就好好休眠嘛，你这是又要搞什么鬼？你看你这个模样，头似佛祖，眼似鬼，鼻像小丑，张大嘴。

七叶树：冤枉啊，这就是我睡着的样子！

教　授：好嘛，你的睡态太特别了。这就是寺庙喜欢种七叶树的原因吧？

七叶树：不好意思，刚才失态了。七叶树与佛教确实有着很深的渊源，其原因可能是佛教典籍里经常提及七叶树。因此，七叶树就成了佛教的"圣树"，许多古刹名寺都有栽培。

教　授：难怪，鬼神经常是相通的，你的长相也算是对得起你"圣树"的地位了。

七叶树：其实，我最漂亮时候是花季，高大的树冠上繁花满树，花如白塔，朝天开放，远远望去，如许多白塔散落翠绿的山间。树叶也有特点啊，掌状复叶由 7 片叶组成，着生在一枝大叶柄顶端。一看就富有哲理，比较神秘吧。

教　授：看出来了，花和叶都和佛教有联系，也常被用来诠释佛家思想。

七叶树：是的，佛家说"一花一世界，一叶一菩提"。意思是，通过一朵小小的花，就可以窥探大千世界的规律；透过一片小小的叶子，就可以看到宇宙人生的秘密。

教　授：我知道，很多人认为这一说法很玄，其实是很有科学道理的。因为，现代系统科学已经认识到，一朵花是一个系统，一片叶也是一个系统，由此推理可知，一棵树、一片森林、一个人、一个社会、甚至整个宇宙都是一个系统。既然都是系统，就有共同的规律。

七叶树：老师厉害，一两句话就把我们搞得不神秘了。

教　授：看来是对我有意见啊！

七叶树：神秘感都没了，我们以后还怎么混呢？

教　授：这不难，认真工作就好混。

七叶树：那要不认真呢？

教　授：就鬼混呗！

七叶树：哈哈哈！有道理！

小贴士

七叶树是落叶乔木，高达25米。叶子为掌状复叶，由5～7片小叶组成。冬芽较大，有树脂。树干挺直，冠大阴浓，初夏白花满树，每朵花序恰似一盏华丽的烛台，美丽壮观，是优良的行道树和园林观赏植物。

一花一世界

## 77. 树皮不简单呀

古树：别用你那吃红烧肉时的眼神看我，我不是五花肉。

兰兰：谁愿意看啦，不就是树皮吗？

古树：你还别看不起树皮，告诉你，没有树皮，树就活不了啦！

兰兰：你就吹牛吧，你这层薄薄的树皮到底有什么作用。

古树：那我得给你好好科普一下了。第一，保护作用，给树防寒、防暑、防病虫害；第二，运送养料，在树皮的里面，有一层叫作韧皮部的组织，里面排列着一条条的管道，叶子通过光合作用制造的养料就是通过它运送到根部和其他器官中去的。

兰兰：没想到，树皮还有这么重要的作用！小看你们了，不好意思！

古树：小看我们无所谓，我们的皮厚着呢！倒是你知识不够，水平不高，将来怎么找工作呢？

兰兰：没关系，大不了做个护林员。

古树：你可别小看护林员，当年大思想家庄子就当过漆树林的护林员。

兰兰：啊！庄子也是林业工作者呀！是真的吗？

古树：这还能有假，大诗人王维的诗《漆园》写的就是庄子，说他"偶寄一微官，婆娑数株树"。我想正是因为做护林员天天和树木打交道，才激发了庄子的想象，写出了那本影响中国人思想和文学的不朽之作——《庄子》。

兰兰：树木能激发想象？别逗了。

古树：给你随便举两个例子吧，《庄子》中出现的成语"螳螂捕蝉，黄雀在后"，是不是庄子在林子里看到的景象，只不过被他高度文学化了。

兰兰：不错！不错！

古树："如胶似漆"还用解释吗？

兰兰：哇！真的耶！我也要做护林员。

古树：你怕是嘴馋了，想做果树林的护林员吧！

兰兰：哈哈哈！民以食为天嘛！

**小贴士**

树皮的结构由外向内，可以分为外表皮、周皮和韧皮三部分。

民以食为天，树要靠树皮

159

## 78. 构树，你把叶子长那么神秘想干嘛

阿乔：构树，你把叶子长那么神秘想干嘛？

构树：我只是想长得稍微有点儿特色，没想别的呀！

阿乔：还稍微有点儿特色，你的特色大了去了，都快成神秘组织的徽标了。

构树：有那么棒吗？那我可以收知识产权费了吧，我是不是快要发了？

阿乔：是，你快要发芽了！

构树：让你笑话了。其实我们构树曾经也辉煌过，当年蔡伦发明造纸术的时候，还用了我们构树的树皮呢！

阿乔：哇，原来你们早就发达过了，那可是东汉，都快 2000 年了。不过，你说用构树皮造纸，我绝对相信。构树皮的韧性特别好，记得小时候玩陀螺，没有韧性强的绳子来抽打，就上山采构树皮，用水浸泡后晒干，搓成绳子，非常结实耐用，抽陀螺那叫一个带劲儿。

构树：可后来我们落后了。现在造宣纸的材料变成了青檀，只有极少数地方还用构树皮造纸。

阿乔：就别只想着造纸了，你们构树还有好多用处，经济价值挺高的。

构树：是吗？

阿乔：那当然，中医就用构树的根、种子、树液等配成中药，治病救人的。还有，猪不是挺爱吃你们的叶子吗，可以开发猪饲料。

构树：对，我就做猪饲料了，广告我都想好了。

阿乔：什么样的，说说看。

构树：美丽的孔雀驮着一袋猪饲料在天上飞，扛着钉耙的天蓬元帅紧跟随，嘴里还不停地念叨：大师兄，西天我就不去了，我给孩儿们送饭去喽。下面打出几个字"孔雀牌构树猪饲料"。

阿乔：好呀，这回你不是要发芽了，而是真的要发财了！

构树：哈哈哈！

### 小贴士

　　构树为落叶乔木，高 10～20 米。叶呈螺旋状排列，广卵形至长椭圆状卵形，小树叶常有明显分裂，形状特殊。速生、适应性强、分布广，在中国的温带、热带均有分布，平原、丘陵或山地都能生长，甚至在城市也能看见天然更新的构树，是城乡绿化的重要树种。构树皮的韧皮纤维还是造纸的高级原料。

树木浑身都是宝

## 79. 杨柳树的飞絮怎么治

阿　乔：杨树，你的眼睛怎么竖着长呢？

毛白杨：因为我们个儿高，眼睛竖着长，才能把树从上到下看全。

阿　乔：可都是杨树，怎么有的有眼，有的没眼？

毛白杨：杨树多了，我们属于杨柳科杨属的高大乔木，全属共有100多种，中国就有50多种，是杨树的分布中心。杨属由于种类太多，又分了青杨派、白杨派、黑杨派、胡杨派、大叶杨派等五大派别。

阿　乔：好家伙，感觉跟武林门派似的。

毛白杨：叫组也行，其实也就是同类相聚，方便区分而已。

阿　乔：但是，杨树最大的问题是飞絮，这个有点儿烦人。

毛白杨：也是，杨树是雌雄异株，雌花和雄花分别长在不同的树上。雌花成熟，也就是果实成熟时，杨絮承载着种子，漫天飞舞。

阿　乔：有什么治理的好办法吗？

毛白杨：以后只种雄株就行了，因为雄花成熟时，只是传粉，没有花絮，不飞毛。

阿　乔：可是已经种了的呢？

毛白杨：那也急不得，不能一下子全部伐掉，需要逐步解决，比如采取更新树种、合理疏伐、高接换头、注射药物、修剪等方式进行综合治理。

阿　乔：费那劲干嘛，都砍了种别的树。

毛白杨：任何事物没有十全十美的，树也一样。就说杨树吧，一年365天，每天都在发挥重要的生态保护和绿化美化的作用，飞絮也就十几天，你就忍心砍了。这不就跟人一样，把有缺点的都"枪毙"，这世上还能剩几个人，恐怕就剩你一个了吧！

阿　乔：不，不，不，我也剩不下。

毛白杨：哈哈哈！

**小贴士**

全世界的杨树有100多种，中国就有50多种，是杨树的分布中心。

没有十全十美的人，也没有十全十美的树

## 80. "未若柳絮因风起"

雌株柳：看我硕果累累，过两天我让你们知道什么叫"未若柳絮因风起"。

兰 兰：别臭美了！听说林业大学的学生已经把你们的位置都调查清楚了，马上给你们做绝育手术。

雌株柳：同学，你想想，大家都变成雄的，还有意思吗？

兰 兰：噢，还真是的。不过每年春天杨柳絮飞舞的时候，所有人都在讨论飞絮问题，你都成"网红"了，园林绿化局领导的压力很大呢。

雌株柳：哪至于有那么大压力，其实主要是你们没有掌握好策略，才导致年年有那么多的意见。

兰 兰：听这话的意思是你有好的策略？

雌株柳：我也没有，只不过嘛，既然林业大学的学生把全城的杨柳雌株都调查清楚了，那就根据每株树的具体情况制定一个治理方案。比如，对于年龄较大的、树干有空洞、存在一定安全隐患的雌株，采取伐除更换为别的树种；对于年龄不大、生长仍然较好的，可以换头嫁接变性成雄株；对于树形又不错，伐了或者换头都会影响景观的，也可以采取打绝育药的办法。反正能用的方法全用上。

兰 兰：人家好像就是这么做的吧。

雌株柳：关键是要有一个周密的计划，列明每年用什么方法在什么地方治理多少株，一共需要多少年才能把全城的飞絮控制住。并且将这一方案向社会公布，市民心里明白了，意见就不会那么多了。

兰 兰：对嘛，这样一来，市民的关注点就变成如何更快、更好地实施计划了。

雌株柳：这不就引导舆论向积极的方向发展了吗？

兰 兰：可以啊，柳嫂，有两下子哦！

雌株柳：我这个"网红"可不是白当的。

兰 兰：嘻嘻嘻，柳嫂抖起来了耶！

雌株柳：不抖怎么办，我的种子怎么飞出去呢！

兰 兰："未若柳絮因风起"呀！

雌株柳：哇，兰兰好聪明，居然又绕回来了！

兰 兰：嘻嘻嘻！

🌿 **小贴士**

柳嫂：一年365天，我们天天都在发挥绿化美化和环境保护的功能，也就是春天这十几天我们生儿育女的时候，身体不舒服，产生了一些飞絮污染，就不能忍一忍，包容一下。大家都知道，人无完人，可对我们树却要求十全十美，这合适吗？哇啊……啊……（大哭）

看见网上怎么议论我了吗？

你够可以的！每年都要红一回啊！

**多种方法治柳絮**

## 81. 松子与"专家吃货"

教授：有一次在北京潭柘寺，一位游客对着一株树皮雪白的树说："这肯定是刷白的，哪有这么白的树啊！"他要看到这棵树，肯定又会说："怎么穿上迷彩服，要打仗了？"其实这就是一种树——白皮松。年轻时穿迷彩，就是帅！年纪大了什么也不穿，就是白！

阿乔：是的，我去潭柘寺的时候也看见那棵树了，真漂亮！

教授：白皮松是中国特有的树种，四季常绿，树姿优美，树皮白色或褐白相间，极为美观，是优良的绿化树种。而且木材也是不错的，纹理直，轻软，加工后有光泽和花纹。可做房屋建筑、家具、文具等用材。

兰兰：爸，您漏了一条最重要的。

教授：哪条？

兰兰：种子可以吃。

教授：你就知道吃，难怪还自封为"吃货"。

兰兰：这叫"民以食为天"，不先解决吃的问题，饿着肚子，白皮松再怎么美，谁有心思看？木材再好，谁有心思用？

教授：好吧，既然说到吃，你说说我们平常吃的松子是什么树种的。

兰兰：啊，松子还分树种，没注意，每次我去饭店点松仁玉米，菜一上来，筷子、勺子一起上，几口就吃完了，谁管它是什么树种的松子。

教授：要当高水平的"吃货"，就不能光顾着吃，还要研究食材。我们平时用的松子，最好的是东北红松，营养丰富，个儿最大，卖相最好；其次是西南的华山松；白皮松也不错，不过就是个儿小点儿，还有油松的松子也可以，就更小了，一般就上不了桌啦！

兰兰：好家伙，吃个菜还要知道树种名字，是不是还要能够写出拉丁学名，那不成了"专家吃货"了。

阿乔：哈哈哈！"专家吃货"档次够高的。

小贴士

白皮松天然分布于山西、河南西部、陕西秦岭、甘肃南部及天水麦积山、四川北部及湖北西部等地，主要生长在海拔为 500 ～ 1800 米地带。现在北京、苏州、杭州等很多城市都有栽培。

松仁的来历

## 82. 急功近利栽大树

教授：看这棵树，栽了快 20 年了，还需要用架子撑着，整个儿一个病态。

阿乔：病态美呗！为何当初不栽小一些的苗，经过 20 年时间，也能长成大树了？

教授：问得好啊，你问出了我们城市绿化中存在的一个大问题。

阿乔：是吗？

教授：在我国城市绿化中，为了使绿化效果立竿见影，已形成栽大树的习惯，都希望栽下树木即成林。于是在城镇绿化时，靠支架支撑的大树随处可见，有的甚至还打着点滴，一幅病态景象。这种只顾眼前、不管长远的做法，给高水平园林绿化埋下了隐患。

阿乔：有那么严重吗？

教授：众所周知，树高千尺，仰仗根深。树木之所以能高达几十米、上百米，全靠深埋地下的庞大根系。而在移栽大树之前，都需要切断主根和大的侧根，最终缩坨至一两米的根幅，同时截断主干，去除树冠。这样栽植后，即使能成活，树木也不能完全恢复其原有的大根，新根扎不深、伸不远，地上的枝干自然就无法形成参天大树。而且，树木的稳固性差，一遇大风和强降雨，就有倒伏的危险，前几天就有一个人被风刮倒的树砸死了。

阿乔：太惨了！

教授：而如果用小苗种植，根扎得深，最多可长到三四十米，甚至更深，抵抗极端天气的能力也很强，不至于轻易倒伏。

阿乔：古人云"前人栽树，后人乘凉"，现在倒好，可能要变成"前人栽树，后人挨砸"了。老师，以后您可得躲着点儿树走。

教授：我没事儿，不过有麻烦了，我正在到处宣传爱护树木、亲近树木，这不让人处于危险境地吗？

阿乔：您就再嘱咐一句，说亲近树木也要掌握分寸，不要太亲近了，"亲密无间"可能会有生命危险！

教授：哈哈哈！

🌱 **小贴士**

树木是生命，越是大树，移栽时伤
根伤干也越多，其生命力损失越严重。

**要亲近树木，但不要亲密无间**

## 83. 林业社会实践，专治学生脸皮薄

大妈：不许乱贴小广告。

阿乔：我们不是贴广告的。

大妈：那你们这是在干嘛?

阿乔：我们在给树木体检，然后会有人来给有问题的树木清除枯枝、修补树洞，防止因枯枝掉落或树木倒伏而危及人身和财产安全，还有人专门进行病虫害防治，保证树木健康成长。

大妈：听着倒是挺好的，但你们这身打扮哪像是干这活儿的，连个制服都没有。我们这里连保安、保姆和保洁员都有制服，让我怎么相信你们呢?

阿乔：我们有的，在包里，只是没穿上。看，这就是我们的制服，黄背心儿，上面还印着"园林绿化局"和"林业大学"呢!

大妈：噢，我明白了，你们是大学生，这是结合生产任务参加社会实践活动。因为抹不开面子，就把制服装在包里，着便装就开始工作了。

阿乔：对的，对的，大妈英明，您说的一点不差。

大妈：不是大妈说你们，脸皮太薄了，将来怎么找工作。你们参加社会实践活动，除了锻炼业务能力，还要把脸皮练厚，才能适应社会。

阿乔：大妈，我们的脸皮是不是越厚越好?

大妈：也不是，太厚就不知羞耻了。

阿乔：可是，如何掌握这个度呢?

大妈：我觉着，合适的脸皮厚度处在既敢作敢为、不怕别人说三道四，又有羞耻感、丢脸时会脸红的范围。

阿乔：谢谢大妈! 您看我们累一上午了，能不能给口水喝、给碗饭吃!

大妈：好小子! 大妈小看你了，敢跟陌生人开口要饭，你脸皮跟城墙拐角一样厚。

阿乔：不是的，是您刚才的一席话使我茅塞顿开，我突然什么都不怕了。

大妈：这么说来，我可以开诊所，专门治疗脸皮薄了。

阿乔：嘻嘻嘻，来的人肯定不少。

**小贴士**

给城市里的树木体检，既是为了保证树木的健康，也可以防止因枯枝掉落或树木倒伏而危及人身和财产安全。

为什么要给树木体检

## 84. 数数，看这棵树有几根枯枝？1234，2234……

阿乔：数数，看这棵树有几根枯枝？

兰兰：1234，2234……

阿乔：哈哈哈，你是出操喊号子的吧？

兰兰：没错，我就喜欢领操时的感觉，口令一出，大家整齐划一地做一个动作，太帅了！可这树，枝枝杈杈的，一点都不整齐。

阿乔：可以把它弄整齐的。

兰兰：怎么弄？

阿乔：整形修剪啊！这是我们树木管护的常用方法，甚至修剪成人的样子。

兰兰：好呀，好呀！那样的话，是不是我也可以对着树喊号子啦！

阿乔：可以，只要你不怕别人说你有精神病。

兰兰：没事儿，一般别人说我发神经时，常常是我创造力爆棚的时候。

阿乔：你还别说，有不少很有创造力的人最后精神都出问题了，这是怎么回事儿啊？

兰兰：这可是一个重要的议题，我看过一本名叫"驾驭创造：和谐的法则与途径"的书，里面就深入探讨了这个问题。

阿乔：怎么说的？

兰兰：书的基本观点是，一个人的创造力并非越强越好，而是要与自己驾驭创造的能力相匹配，如果创造力太强，又无法很好驾驭，就会出问题，甚至导致灾难。

阿乔：这个观点很好啊！那如何才能驾驭创造呢？

兰兰：说来话长，简单地说，人是一个复杂系统，系统最好的状态是和谐，影响和谐的一个重要因素是稳定性。偏向稳定就是继承传统，保持不变；偏向不稳定就是追求创造，求变。只有当传承和创造处于合适的比例，系统才能达到和谐状态。

阿乔：太好啦！我得去找《驾驭创造：和谐的法则与途径》这本书来认真读读。

兰兰：这本书和我上次跟你说的《感悟创造：复杂系统创造论》这本书是姊妹篇。

阿乔：原来如此，怪不得你那么清楚。等我看完这两本书，即使创造力爆发，你跟我在一起时也不用再戴头盔、穿防弹衣了。

兰兰：哈哈哈，果然是研究生，脑子转得就是快！

小贴士

城市树木体检需要统计每株树粗度较大的枯枝数量，以便采取措施清除枯枝，防止其掉落砸伤行人。

小贴士

树木修剪的方法有短截、回缩、疏删、摘心、抹芽、摘叶、去蘖、摘蕾、断根等，通过整形修剪，就可以将树木修整成一样的形态。

**树木修剪的方法**

173

## 85. 林业工作者的苦与乐

阿乔：听见奇怪的声音了吗？

兰兰：没有，倒是听见蚊子嗡嗡叫着要叮我，不行了！不行了！

阿乔：该听的没听着，蚊子叮还算事儿吗？

兰兰：怎么不算，看我胳膊、腿上的包，这儿一个、那儿两个，还有这儿。

阿乔：就这几个，真的不是事儿。去年我在森林里调查，蚊子那才叫多，个儿又大，三只蚊子快赶上一碟菜了，穿着衣服都能叮透。

兰兰：啊，可怕！可我去年也去森林了，怎么没看见呢！

阿乔：这就是玩和工作的差别，你是去玩，当然最苦的时候就没有你了。不过这点儿苦和我们林业工作者在工作过程中看到的美景相比，简直不值一提。

兰兰：有什么美景能让你忘记工作的辛苦？

阿乔：东北的红松原始林、藏东南的云杉原始林，那才叫林海，只能用壮美来形容，到了冬天，那就是林海雪原；春天，河南洛阳的牡丹花，让你感受什么是精心雕琢的华贵，而贵州黔西的百里杜鹃，则是未经修饰的自然之美；夏天，川南的竹海、云南西双版纳的热带雨林，都会给暑热带来凉意美感；秋天，新疆南疆的胡杨，还有河北塞罕坝的落叶松，那种铺天盖地的金黄，间杂着斑斓的色彩。这些美景，对一般人而言，只有在假期专程去旅游才能看到。对我们而言，这就是我们的工作环境。怎么样，把林业作为你的第二专业如何？

兰兰：好，林业，我搞定了！

阿乔：你哪能搞定林业，你把自己搞定就不错了。

兰兰：嘿嘿嘿！

小贴士

树木健康诊断，需要用木槌敲击树干，通过声音判断是否有树干空洞或腐烂的情况。

树木体检现场

## 86. 树木是绿色基础设施，要爱惜

槐树：别拍，别拍啦，我又不是外星人。就根上长了两个像眼睛似的东西，留点面子好不好。

教授：没把你当外星人，是你这树根应该待在土里的，跑出来干嘛，也想显摆显摆？

槐树：这话说得真没良心，是你们把根上面的土给刨了，我才露出脚来的。你知道吗？根裸露在外面，我浑身都不舒服，对我的健康非常不利。你跟大家伙儿宣传一下，行道树是城市的绿色基础设施，要多多爱护，我们才能更好地发挥保护环境、美化景观的作用。有些人缺乏保护树木的意识。比如，有的人在树干上拴铁丝晾衣服，时间长了，铁丝就勒进我们的皮肤里了；有的人在树上钉钉子挂墩布更是让我们疼痛难忍；还有的人在树根上面堆杂物；等等。这些都是不好的行为，会让我们的抵抗力下降，容易生病。

教授：这是把树木当成自己家的私有物品了，树木可是公共财产，是我们美丽城市的贡献者。

槐树：哼！他们要真把我们当自家的就好了，就会爱惜我们。就是因为他们知道我们是公共财产，所以才会认为不用白不用，根本不把我们当成有生命的个体，你能不能想个办法找人管着点？

教授：就是，你倒是提醒我了。我看好多公园的树上都挂着牌子，写着认养人的姓名、日期等，说明很多市民愿意管护树木。既然这样，那就可以发动大家来认养行道树，恰恰行道树是最容易受到伤害、最需要管护的了。让一个人认养他家附近的几棵树，每天出出进进的都能看见，谁要是搞破坏，就可以及时制止呀！

槐树：这主意太好了！多谢了！

教授：不用谢，你让我拍两张照片就行。

槐树：拍，拍，随便拍，要不要我也做一个"V"的手势。

教授：哈哈哈，够萌的！

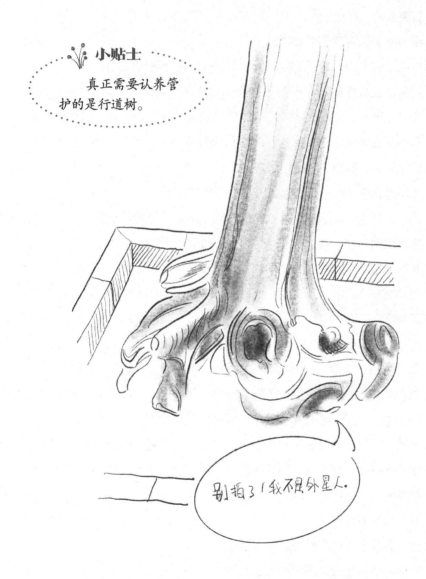

**树木的苦恼**

## 87. 秋叶为什么这样红

阿乔：大树，为什么你们有的树的叶子在秋天会变红，比如枫树，那叶子通红通红的，像火似的。

大树：因为叶子里面有花青素啊！

阿乔：听说过这个词，是不是类似黄酮、萜烯、皂苷等次生代谢产物。

大树：没错，花青素就是黄酮类的物质，它还是抗氧化剂，具有保护作用。树和人一样，需要氧才能生存，但是氧很活跃，会形成自由基，自由基增多会摧毁我们的身体，腐蚀我们的 DNA[①]。所以，需氧生物都必须用抗氧化剂把自己保护起来。

阿乔：意思是，树越红，花青素越多，保护力越强。

大树：是的，这也可以解释为什么有的树刚长出来的嫩叶是红的。因为树像其他生物一样，当处于压力之下时，最容易受到氧自由基的攻击。刚长出的嫩叶，在它们的化学和物理保护还未形成之前，非常娇嫩，这时暴露在炙热的阳光下就会受伤，有了丰富的花青素，嫩叶就有了保护。

阿乔：可是在秋天会有更多的红叶，即将脱落的树叶也需要保护吗？

大树：落叶树到秋天落叶，标志着它要进入休眠状态，以应对冬季的寒冷。但在落叶前，树要做的一个准备是将叶子中的营养尽可能多地转运到树干中。叶绿素被分解，其中的氮被转运到树干贮藏，等到来年春天发芽时，氮又会被输送到芽上，供其生长。但是，叶绿素在分解过程中叶子就处于氧自由基的攻击之下，所以树在秋天会制造出花青素来控制氧、保护叶子，以保证氮转运的正常进行。

阿乔：哇，好聪明的树啊！

大树：这不算什么，我们还有好多本事呢！

阿乔：好嘛！刚说你胖，你就喘上了。

---

① 脱氧核糖核酸。

大树：哈哈哈！你要是夸我美，我就抖给你看。

阿乔：哈哈哈！

**小贴士**

树不能移动，因此在和灾难的斗争过程中，就进化出了很多对策，如"次生代谢产物"就是其中之一。

花青素？

树叶在秋天为什么要变色

## 88. 植物的永生

阿乔：和铁相比，生命到底是弱还是强？

兰兰：这不是废话吗？当然是铁强，铁多硬啊！

阿乔：不见得，铁容易生锈，几百年、几千年风吹雨蚀下来，铁就变成铁粉了。而生命几十亿年来，却不断壮大，已经占领整个地球了！

兰兰：你说的是作为整体的生命，那的确强大。但是生命个体，很脆弱。

阿乔：那就把个体融入生命的整体，不就行了。

兰兰：怎么融入，你有好办法？

阿乔：有啊，找个人结婚，你的生命力增强 1 倍，然后生 5 个孩子，生命力又增强 5 倍，5 个孩子再生 25 个孙子、孙女……子子孙孙是没有穷尽的，你的生命力不就无限增强了？一直延续下去，你就永生了！

兰兰：永生不好说，超生是肯定的啦！

阿乔：哈哈，自然界可没有超生这一说法，千百万年了，树木就是这样才延续下来的。以核桃树为例，一株成年核桃树大约年产 150 千克核桃，相当于 1 万多粒核桃种子。

兰兰：哇，一年就有 1 万多粒种子，那没过多久，全世界还不都被核桃占领了。

阿乔：想得美，森林生态系统可是会自动调节的，不会让某一种树种占领全部地盘。首先，相当一部分种子会被人和动物吃掉。其次，掉到地上的种子可能有很大一部分处在不利于发芽的地方，也就长不出小苗来，最后都烂了。再次，好不容易有少部分种子发芽了，可长出的小苗又要面对各种自然灾害和竞争，最后可能只有少数苗木能够活下来。

兰兰：真不容易啊！难怪树木要产那么多种子。看来，多子才能永生啊！

阿乔：所以，每个人都得结婚生子，才有永生的可能啊！

兰兰：看来你是着急结婚了，可你知道为什么要在举行婚礼的时候放鞭炮吗？

阿乔：喜庆呗，这还算问题呀！

兰兰：不是。

阿乔：那是什么？

兰兰：是给新娘和新郎提个醒儿，危险的人生旅程就要开始了！

阿乔：哈哈哈！

小贴士

千粒重是指 1000 粒纯净种子在气干状态下的重量，是反映种子大小的指标。

**植物和钢铁哪个更强大**

## 89. 古树体检比人体检的待遇高

阿乔：看，树跟人一样，老了也拄拐。

兰兰：我倒觉得没有太大必要，树老了尽快砍伐更新，老树枝叶分解以后对土壤改良和下一代树木的生长都有好处。

阿乔：那要看是什么树，要是古树，不仅要保留、保护，还要采取复壮措施，使其尽量延年益寿。

兰兰：复壮？都有什么措施呢？

阿乔：措施多啦！比如，施有机肥，增加有机质，补充树木的营养；换土或埋通气管，增加土壤中的氧气；嫁接新根，使其焕发新的活力；等等。

兰兰：是不是也得定期体检，都有什么指标呢？

阿乔：当然。指标还挺多的。形态指标有树高、胸径、冠幅等。生理指标有叶绿素含量、叶绿素荧光、矿质营养元素等。此外，还有病虫害、土壤等情况。

兰兰：跟人体检差不多嘛！

阿乔：不一样，比人的待遇高多了。

兰兰：怎么讲？

阿乔：人体检，得自己去医院，去各个科室查这个那个指标，是被体检人围着体检大夫转。而树体检，树待着不动，人到树那里去测定各个指标，是树木医生围着树木转。

兰兰：那我的选择就对了。

阿乔：你的什么选择？

兰兰：上次我跟凯叔说，如果有来生，我要做一棵树，站成永恒！

阿乔：我也要成为一棵树。

兰兰：不行，我们已经批准你成为一棵草了。

阿乔：啊，趁我不在给我安排一个地位卑微的小草呀！

兰兰：草多好呀，"野火烧不尽，春风吹又生"，你的抗性强。

阿乔：可是每年都要枯一回呀！

兰兰：太好了，"一岁一枯荣"，你就不用为体检发愁了。

阿乔：哈哈哈！你可真能琢磨。

**小贴士**

树木死了，它的根、干、枝、叶腐烂分解后，会释放很多营养和有机质到土壤，这就是很好的有机肥，使森林土壤变得越来越肥沃，树木生长得越来越好，也就是说它死了都还在发挥好作用，造福后代。

古树复壮方法多

## 90. 二百年树木树人

大树：人老了会怎样？

教授：你想说哈？其实很多老人还在力所能及地为社会做贡献。

大树：比如说？

教授：比如，给子女带孩子，为社区做义工，为灾区、贫困地区、弱势群体等需要救助的人捐钱、捐物。

大树：不错，这些老人跟我们树木老了差不多。

教授：怎么讲？

大树：树老了，树干有了空洞，为很多生物提供了栖息地，林业上保留林中的枯树可是生物多样性保护的一个重要措施。

教授：没错，对鸟类、昆虫等小动物来说，那就是摩天大楼、高档别墅呀！

大树：还有，我们死后倒在林地上，腐烂分解成为有机质和各种矿质元素，既改善土壤理化性质，又直接为下一代树木生长提供营养。

教授：树木和人太像了，这让我想起祖先在两三千年前就将人和树木进行对类比，提出"十年树木，百年树人"，有道理吧！

大树：别提这句话了，我们树木对这个很有意见。

教授：为什么？

大树：十年对树木来说只是青少年，根本达不到成熟的年龄，怎么就"十年树木"了，告诉你吧，至少也得百年以上，我们还有几千年的"老寿星"呢，你们人有吗？

教授：太有道理了！这话应该改为"百年树木，百年树人"。

大树：你就不会精简一下吗？

教授：就是，应该叫百年树木树人。

大树：不对，应该是二百年树木树人。

教授：哈哈哈，你数学好得有点儿过啦！

**小贴士**

保留林中的一些枯死木，可以为野生动物提供栖息地，有利于生物多样性保护。

树木的老有所为

## 91. 齐同万物，我们都有共同的基因

阿乔：有脑子的人要学习无脑子的树，你信吗？

兰兰：举个例子。

阿乔：比如玉兰树吧，它在冬天为了保护花芽，就戴着毛皮帽子过冬。人在冬天戴皮帽子肯定就是跟树学的，因为人的出现比树晚多了，戴皮帽子的知识产权肯定在树那儿啊！

兰兰：这有点儿意思，有脑子的人要学习无脑子的树。

阿乔：所以，我们人类千万不要自以为是，把自己比作万物之灵，凌驾于万物之上，那样的话，你就还真不如没脑子的树。一个有智慧的聪明人，首先能够平等地对待他人，因为人与人之间的基因 99.9% 是相同的。其次，他能够平等地对待所有生物，因为研究表明人和老鼠至少有 90% 的基因相同，60% 以上的人类基因与苍蝇相同。

兰兰：这么说的话，还真该好好反思一下了。

阿乔：对啊，不然一不留神，我们就进入有脑袋而没脑子的状态喽！

兰兰：我不明白，为什么树没有脑子，但也很聪明。

阿乔：这又得提到适应性策略。动物靠大脑做出判断和选择，来适应不同环境。而植物没有脑子，是通过全身的器官、组织、细胞和蛋白质等来感知环境、适应环境。比如，经常遇到干旱的树木，就会加强根系往土壤深处生长的能力，叶面积变小，角质层增厚，气孔深陷，并随时关闭。总之，目的只有一个，适应环境，否则就可能被淘汰。

兰兰：也就是说，今天我们能够看到的动物或者植物都是成功者，都很聪明，都是适应环境才活下来的。

阿乔：那当然。所以，简单地说谁比谁聪明没有太大意义，而要看几万年、几十万年甚至几百万年后谁还活着，那才是真正的聪明。

兰兰：要这么说，有没有脑袋都无所谓了，因为万一巨大的灾难降临，比如

天体撞地球，能活下来的可能就剩没有脑袋的低等动植物了。

阿乔：我还是要脑袋吧，不然今天晚上吃什么我都不知道了。

兰兰：哈哈哈！你就知道吃。

有脑子的人也要学习无脑子的树

## 92. 迷信的神树，竟然是被"绑架"而成的

阿乔：神树，你是怎么成神的？

神树：我哪是什么神，我是被绑架的呀！

阿乔：我明白了，原来不是你想成神，而是他们需要一个神，这完全是"造神"啊！

神树：就是，就是，难得你能理解我，求求你，快帮我解脱吧！

阿乔：我可帮不了你，你一旦成为神，就不是自己了。

神树：那我怎么办？我心里真是苦啊！

阿乔：不过，话又说回来，能成为神树，说明你的一生很成功！

神树：是吗？我怎么没觉得呢！

阿乔：你看你长得比别的树更高大，抗性更强，寿命更长。林业部门把你选成优树，用你的种子、根、茎、叶、芽等材料去繁殖更多的子孙，这些后代将去更多的地方造林绿化，形成更好的森林，你的贡献可大了，对人类而言就是"成功人士"啊！

神树：那我就是"成功树士"呗？

阿乔：没错，你就是"成功树士"，你不做神树，别的树也没资格嘛！

神树：你这么一说，我好受多啦！那怎么才能成为一棵真正的神树呢？

阿乔：我就凡人一个，哪知道神的事情，不过在我的心目中，神是做好事善事、救苦救难、普度众生的。

树神：这太难了，有简单一点的吗？

阿乔：有啊，做鬼，做鬼简单。

神树：不是鬼就是神的，我就想做一棵普通的树，怎么就那么难呢？

阿乔：哈哈哈，"成功人士"也都这么说："我就想做一个普通人，怎么就那么难呢"？你知道我们普通人把这叫什么吗？

神树：什么？

阿乔：嘚瑟！

神树：哈哈哈！我也嘚瑟了一把。

"神树"也嘚瑟

## 93. "成仙"之路看古树

兰兰：自古以来，成仙就是很多人追求的目标，那你知道怎么成仙吗？

阿乔：这还用问，喝酒就可以"成仙"。比如"竹林七贤"之一的刘伶，靠喝酒成了"酒仙"。据说他出游在外的时候，曾让仆人扛把镢头跟随，并叮嘱道："我在什么地方醉死了，就地把我埋了。"那叫一个超脱，还真不是凡人能做到的。李白也喝酒，而且"会须一饮三百杯"，写出来的诗惊天地泣鬼神，于是就成了"诗仙"。

兰兰：要这么说，办法多的是，宋代诗人黄庚认为"无事即成仙"；王炎则说"清而寡欲可成仙"；方岳更有办法，"只餐荷气亦成仙"。既然方法那么多，想必成仙的人肯定也不少。

阿乔：那当然，释正觉就发现"而今龟鹤尽成仙"。

兰兰：那都说的是人或动物，有成仙的树吗？

阿乔：有啊，这棵古柏树就是"仙树"。顺便给你科普一下吧！柏树一般是对柏科植物的统称，柏科共22属约150种，我国产8属29种，我们常见的种有侧柏、圆柏，北京很多公园里的古柏主要就是这两个树种，不少已经几百岁了，老而不死，这棵还长出一颗"人头"来。

兰兰：别显摆了，问问古柏是如何"修炼成仙"的吧。

阿乔：不用问，一看就明白了，它是被人摸多了，就成了"仙"！

兰兰：哇，我算是明白了，成仙的道路千万条，关键是找到适合自己的路，做出常人无法企及的超凡事。仙者，不凡也！

阿乔：总结得不错，我看你也快成"仙"了！

兰兰：成仙？我像那种不食人间烟火的人吗？

阿乔：对啊，你这号称"吃货"的人，还是待在人间吧！不然，点外卖啥的比较麻烦。

兰兰：哈哈哈，懂我。

**小贴士**

北京很多公园里的古柏树主要是侧柏和圆柏，不少已经几百岁了。

保护古树，人人有责

## 94. 树木对人的保护不仅从来不收费，还增绿不添乱

阿乔：绿色是生命的颜色，没有绿色就没有生命。植物叶子中的叶绿素通过光合作用产生碳水化合物和氧气。碳水化合物是我们食物的来源。地球上的人类和绝大多数生物都需要氧气进行呼吸，一分钟都离不开。所以绿色不仅给人们提供食物，还提供保护。

兰兰：给你生命和食物，为你提供保护，那不就是你的父母嘛！

阿乔：是的，比父母一点儿也不差。

兰兰：那我们应该孝敬绿色，保护绿色才对。

阿乔：太应该了，这是我们义不容辞的责任和义务。

兰兰：要是有人故意毁坏绿色呢？

阿乔：管啊！大家都做爱管闲事的好人，坏人就不敢嚣张了。

兰兰：没想到啊，爱管闲事竟然成了优秀品质，对不良行为保持沉默应该是跟坏人太嚣张和"佛系"盛行有关吧！

阿乔：倒也不尽然，有的坏事也不一定是坏人做的，而是有的人从小缺乏良好教育，把占小便宜、损人利己等当成理所应当了。

兰兰：对嘛，这些人是可以被教育好的，关键是要有人教导他们。

阿乔：那就把爱管闲事上升到社会教育的高度，大力鼓励，这股力量不可小觑啊！

兰兰：太好了，这样一来，全社会的力量都会被动员起来，尤其大妈们该更忙了。

阿乔：别光说大妈，大爷哪儿去了？

兰兰：在家干活儿呢。

阿乔：哈哈！真的是"你大爷永远你大爷，你大妈已经不再是你大妈啦"！

兰兰：哈哈哈！

小贴士

我们吃的粮食、水果、蔬菜、肉、蛋、奶等，都是由碳水化合物转化而来的。

人类离不开植物

## 95. 基因的作用

阿乔：你注意过没？感叹语中最常见的有"我的天""我的妈""我的娘"等，为什么人在惊叹、恐惧、无助等情况下会说出那样的话？这难道是生命最深层次的呼喊包含的重要信息？

兰兰：我也觉得是，我们常说一个人的命运是上天注定的，可天是什么？

阿乔：天，不就是基因嘛，是基因决定了人的一切。"基因"是英语 gene 的音译，是 DNA 分子中含有特定遗传信息的一段核苷酸序列的总称，是具有遗传效应的 DNA 分子片段，是控制生物性状的基本遗传单位，是生命的密码，负责记录和传递着遗传信息。

兰兰：基因能决定很多东西，但也不尽然吧，比如是谁决定了你我的一切呢？

阿乔：是爹娘呗，这还用说。所以说，感叹语：我的天 = 我的娘 = 我的妈！

兰兰：不一定哈！

阿乔：为什么呢？

兰兰：西方最常用的感叹语可是"我的上帝"。

阿乔：那是因为，他们认为是上帝创造了他们！所以他们信仰上帝。而中华文化认为，我们自己是爹娘所生，是祖先所赐，因此我们祭祀祖先、祭拜爹娘。

兰兰：要是有的中国人在感叹语中也用"我的上帝"呢？

阿乔：那只有两种情况，要么是假装自己是西方人，要么就是搞错爹娘啦！

兰兰：没想到啊，一个小小的感叹语还包含这么多重要的信息！

阿乔：那是，所以你以后别再动不动就说"My God"（我的上帝）啦！

兰兰：我才不说那个呢，要感叹我就喊"我的娘"，那是一种回到母亲怀抱的安全温暖感觉，唔……

阿乔：闻到母亲的味道了？

兰兰：有酸奶味儿。

阿乔：啊！

兰兰：嘻，我买的酸奶忘喝了！

阿乔、兰兰：哈哈哈！

小贴士

物种的生物学特征和特性是由基因决定的，是可以遗传的。一个基因编码一个蛋白质，蛋白质的功能决定生物体所表现出来的特征和特性。

植物的特性由基因决定

## 96. 皇家古树的顶级沧桑

教授：古树，你够沧桑的！

古树：什么叫够沧桑的，这叫充满成熟男性魅力的顶级沧桑！

教授：为什么？

古树：我还经历过朝代更替，看见过皇帝上吊呢！

教授：哇，那是什么年代啊？

古树：370 多年前的明代末年，崇祯帝就是从我跟前跑过去，在东边的那棵歪脖树上自尽的。

教授：你怎么不拦住皇帝，救救他呢？

古树：拦不住，都怪他自己没把国家治理好，最后只好以死谢罪了。再说了，这样死要比被人抓住折磨致死好受得多，也体面些。

教授：原来当皇帝也不容易啊！

古树：那是！现在人们只看到电视上的皇帝处于万人之上，威风凛凛，掌握着生杀大权，却忘记了皇帝也是血肉之躯，弄不好自己小命也不保啊！

教授：看来，我们踏踏实实做一个平民百姓挺好，挣的钱虽然不多，但是够温饱，有点儿余钱还能每年出去旅游一两趟，不用整天提心吊胆地防这个算计、防那个推翻。

古树：非常正确。我还真的看到过清朝的末代皇帝被赶出皇宫的场景，那叫一个落魄。由万人之上的天子到路人不识的平民百姓，心理落差之巨大，他居然顺利地熬过去了，也算捡了一条命。后来有一天，他从我跟前路过，差点没认出来，哪儿还有皇帝的样啊，普通人一个。人啊！黄袍加身，你就是皇帝，脱下黄袍，往人堆里一扔，就不知道谁是谁了。

教授：所以老话说"人靠衣裳，马靠鞍"嘛！你不是想有魅力顶级的沧桑吗？怎么不弄件黄马褂穿上，好歹你也是皇家园林里的树。

古树：不用，那都是外在的，就凭我这身褶子和阅历，到哪儿都是顶级的。

教授：呵，还真是，够牛的！

古树：别，可别把牛牵来，它在我褶子上蹭痒痒，我可受不了。

教授：哈哈哈！

就凭我这身褶子，到哪儿都是顶级的

## 97. 绿色过河，不走寻常路

阿乔：兰兰你看，在那座桥的侧面，绿色植物要过河了。

兰兰：是的耶，把宽敞的桥面让给别人，自己走危险的侧面，这应该属于道德高尚吧！要不咱们写篇文章报道一下？

阿乔：可以啊！你文笔好，你写，我拍两张照片配上。

兰兰：好的！

第二天，网上出现了题为"绿色过河，不走寻常路"的文章，还配了照片。绿色植物从过桥人的手机里看了报道，心情大悦。看到照片，它被自己的美貌征服了！不自觉养成了对着河面照镜子、摆姿势的习惯，还常常盼着阿乔和兰兰再来。河边的杨树把这一切都看在眼里，发现绿色植物再也不像以前那样淡定了，跟丢了魂儿似的，无法自拔！

杨树：唉，那两个人好像是阿乔和兰兰！

绿植：哪儿呢，哪儿呢？等我去化妆一下哈！

杨树：嘻，看错了！

绿植：杨兄逗我玩哈，你这么老实巴交的，也学会戏弄人啦！

杨树：你那么淡定低调的，不也学会照镜子、爱臭美，天天盼记者了吗？

绿植：啊！你偷窥我隐私！

杨树：哈哈哈，还用偷窥吗？你都成"网红"了，那么多的人来欣赏、拍照，还叫隐私啊！

绿植：那叫什么？

杨树：就叫隐私公示吧！

绿植：你怎么不说是政务公开呢？

杨树：哈哈哈，你快成公务员了！

**小贴士**

爬山虎的根在土壤里，这是动不了的，过河的是它柔软细长的茎，在茎的叶腋中会伸出枝状的细丝，每根细丝就像蜗牛的触角，当这些细丝接触到墙的时候，顶端就变成了一个个小圆盘，就像壁虎脚的吸盘一样，能牢牢地黏附在墙上。

植物是攀爬高手

## 98. 植物的物候期

不同树种的物候期是不同的，这在北方表现得尤其明显。初春，右边的梅花已开放，柏树的叶色变得更绿，左边的柿树还在休眠。年轻人纷纷跑到右边赏花，老人在左边的树下蹒跚，中年人路过此地，于是有了如下感慨。

教授：左冬，右春，老年靠左，青年靠右！中年呢？恐怕是心想右，身已左。尴尬的中年啊，不左不右，不东不西；不是左右，不是东西。

柏树：中年人不是东西，这可是你说的哈！

教授：这是我的亲身感受。你想想，在家里，上有老，下有小，中年人两头都要照顾，累得不知东西。在单位，上面是老先生要尊重，下面是年轻人要培养，中年人必须勇挑重担，忙得不分东西。在社会，提倡的是尊老爱幼，坐公交车还得给老人和孩子让座，不然人家说你不是东西。你说说，中年人容易吗！

柏树：还真是，光知道中年人年富力强，从家里、单位到社会都使劲用，不保养，就是铁打的身板也吃不消啊！

教授：其实，我们中年人的要求不高，你把我们当东西对待就行了，比如就像私家车，平常给它买各种保险，每隔一定公里数保养一次就行了。

柏树：就是，就是，连私家车都那么高待遇。我同意，中年人是东西，这话听着怎么这么别扭呢？其实中年人不是东西，这更不对。那中年人是什么？

教授：这就是中年人的可悲之处，我们不知道他们是不是东西。同时也是中年人的伟大之处，他们撑起了家庭、单位和社会，却在自己需要照顾的时候隐身了。因此，善待中年人吧，他们在的时候，你可能感觉不出来；等失去他们，你的天就塌了！

柏树：啊，我明白了，原来中年人是中流砥柱，经常被大水淹没，时隐时现。

教授：得得得，你就别再把中年人往水里推了，不是东西就够麻烦的，再弄
　　　得水了吧唧的，还怎么活？

柏树：哈哈哈！不是东西……还水了吧唧，哈哈哈！

知物候才能懂观花

## 99. 没有多样性就没有创造力

阿乔：老师，您看这个扶手，真是绝了。是树有先见之明，直接长成了弯把手的样子，还是人会就地取材？

教授：可能都不是。当森林的多样性和社会的需求多样性相遇时，树长得再怪，也不会是废材；人的需求再古怪，也能得到满足。

兰兰：难怪要强调生物多样性，原来有这么大的作用。这是不是说，我们的教育使千人一面，将无法满足社会对各种人才的需求。

教授：是的，多样性是创造力的重要条件，没有多样性就没有创造力。你们研究生也得把自身的多样性开发出来才是呀！

阿乔：老师，我有点儿糊涂了，社会上有各种各样的人，那是社会多样性。可我一个人怎么多样性？

教授：增加你的性格多样性。其实，在决定个人行为方式和思维方式方面，性格起着关键作用。单一性格的人，行为单一，思维方式简单，思维没有交叉，只能简单地处理问题，要产生创造很困难。而性格复杂的人，行为方式和思维方式多样化，看一个问题会从多种角度、不同层次来观察，就有可能看到别人看不到的，便产生创造思维。

阿乔：有道理！但"江山易改，本性难移"，性格是天生的，怎么改！

教授：我说的是增加性格种类或者特点，而不是改变原有性格。你原来是外向性格，就拓展内向特点；原来是内向性格，就拓展外向特性。形成多种性格的关键是转变观念，从小事情做起，完全可以的。

阿乔：但是，性格多样性增加后，会不会相互矛盾的性格互不相让，自己跟自己打起来？

教授：要的就是这个，你要是真能打得碰出火花来，创造力不就爆发了。

阿乔：自己跟自己碰出火花来？

兰兰：阿乔，你看见星星了？

阿乔：是，满天星星！

兰兰：爸，我的头盔呢？快，阿乔要爆发了！

教授：哈哈哈！

### 小贴士

根据《生物多样性公约》的定义，生物多样性是指所有来源的活的生物体中的变异性，这些来源包括陆地、海洋和其他水生生态系统及其所构成的生态综合体，包括物种内、物种之间和生态系统的多样性。

树直接长成的弯把激发了我的创造力

## 100. 不适应有利于创造

兰兰：苏东坡说出了很多人的心里话："长恨此身非我有，何时忘却营营。夜阑风静縠纹平。小舟从此逝，江海寄余生。"说自己经常感到身不由己，真想忘却为功名利禄的钻营！趁着这夜深、风静、波平，驾起小船从此消逝，泛游江河湖海，自由自在地度过余生。

阿乔：是啊，但他也只是发发感慨而已，我觉得没有人敢付诸行动。

兰兰：谁说没有，陶渊明就敢把老板给炒了，以"不为五斗米折腰"的精神，实现了自己"采菊东篱下，悠然见南山"的田园生活理想。哎！我发现有一个共同点，他们两个人都对现实有不同程度的不适应。

阿乔：怎么个不适应？

兰兰：陶渊明不适应做官的生活，辞官归隐，写出了大量的田园诗，成就了他田园诗派创始人的地位。苏东坡也想辞官而去，不过还是忍住了，一生为官，但却不适应当时的政治环境，改革派和保守派都打压他，真是"一肚皮不合时宜"，后半生在不断被贬中度过，同时他也创作了大量的文学作品，成就了他北宋文学第一人的地位。

阿乔：那又怎样呢？

兰兰：这完全符合《感悟创造：复杂系统创造论》这本书的观点，不适应有利于创造。这说明他们的想象力和审美感乃至判断力都高于常人，对社会的平均状况很不适应，就促使其进行创造，以求得自我实现。

阿乔：还真是这么回事儿，有道理！不过，我们跟苏东坡的感觉也差不多，可在成就上的差别怎么那么大呢？我们也有不适应的时候，也时常感慨"长恨此身非我有"，我现在肚子就有点儿不合适。

兰兰：你那是吃饱了撑的，卫生间在出了门的左手边。

阿乔：哈哈哈！

兰兰：哈哈哈！笑死我啦，不跟你逗了，你还是去认真读读那本书吧，里面有关于创造力的规律，以及如何提高创造力的方法。

小贴士

森林营建必须遵循"适地适树"原则，不仅包括适地适树种，同时还包括适地适种源。只有这样，才能保证营造的森林和绿地树木的适应性、稳定性更强。

树木出现不适应会有麻烦

# 致　谢

　　写这本书的最初想法来自玩微信朋友圈的经历。因为工作关系，我拍摄了大量有关树木的照片，发现有的照片很好玩，于是就配上几句幽默的话，分享到朋友圈，没想到还很受欢迎，点赞者众多。因此就萌生了写一本书的想法，想与更多的人分享这份快乐。从大脑中的一个闪念变成您手上的这本书，最应该感谢的是科学出版社科学人文分社的侯俊琳社长，他以职业出版人的直觉，发现了这本书的闪光点，并对本书的整体风格、文字特点、插图样式、对话人物及场景设计等进行了精心策划和耐心细致地指导。没有他的努力，本书不可能面世，多么优秀的社长啊！同时，要特别感谢责任编辑朱萍萍和刘巧巧对书稿质量的严格把关，她们精益求精的专业精神，令我感动。

　　考虑到要降低书的售价，以及照片在反映对话内涵方面的局限性，书中将照片全部改为插图，这要特别感谢画师纪文和负责协调的张伯阳，他们为此倾注了大量心血，把我的想法形象地展现了出来，才有了这本连环画式的科普对话图书。在读图越来越盛行的时代，希望这本书没有落伍。

　　书虽小，但提供帮助的人不少，要感谢的人还很多。感谢北京林业大学的张志翔教授，他在植物分类方面的帮助，避免了书中可能出现的一些错误。感谢中国林业出版社的刘家玲编审和曾琬淋编辑，她们提出的很多建议非常好，有些成为我创作时从始至终遵循的基本原则。感谢兄长刘平，他是一位文学爱好者，在各地的报刊上发表了不少散文和小说，在家乡小有名气，他的建议是给书稿增加点文学气息，我试着做了一些努力，发现文学家真的不好当！

感谢我指导过的许多研究生，他们贡献了很多好的想法和智慧，如果年轻的读者感到书中的对话还不过时，那是因为有他们的帮助，其中特别感谢李国雷、王佳茜、常笑超、万芳芳、赵蕊蕊、余韵、张亚男、李晓丽、沈馨等，他们付出了很多，为本书的出版做出了多方面的贡献，我为有这么好的学生而自豪！

感谢国家重点研发计划项目课题（2016YFD0600403）、北京市园林绿化局项目（CEG-2018-01）和北京市林业碳汇工作办公室项目（京［2018］TG06）的支持。感谢国家林业和草原局"珍贵落叶树种产业国家创新联盟"的支持。

在此，对所有为本书提供过帮助的人表示最诚挚的谢意！

作 者

2020 年 10 月 9 日